安徽省研究生规划教材

建筑能耗分析

主　编　王海涛　成祖德
副主编　杜传梅　陈萨如拉
编　委　沈念俊　张俪安
　　　　夏永放　冯军胜

中国科学技术大学出版社

内容简介

本书是安徽省研究生规划教材,系统地讲述了在控制建筑环境质量与性能的前提下,如何较为准确地对建筑能耗进行量化评估。主要内容包括建筑能耗分析基本原理、气象、室内得热参数、围护结构特性参数等数据基础,主动、被动式节能技术,DesignBuilder的基本操作和12个具体案例。

本书可为从事绿色建筑设计与咨询的专业人员提供方法指导和技术支持,促进建筑能耗模拟在低碳建筑领域更加广泛和深入的应用。

图书在版编目(CIP)数据

建筑能耗分析/王海涛,成祖德主编. -- 合肥:中国科学技术大学出版社,2024.12. -- ISBN 978-7-312-06140-0

Ⅰ.TU111.19

中国国家版本馆CIP数据核字第2024QJ9991号

建筑能耗分析
JIANZHU NENGHAO FENXI

出版	中国科学技术大学出版社 安徽省合肥市金寨路96号,230026 http://press.ustc.edu.cn https://zgkxjsdxcbs.tmall.com
印刷	合肥市宏基印刷有限公司
发行	中国科学技术大学出版社
开本	710 mm×1000 mm 1/16
印张	11.25
字数	233千
版次	2024年12月第1版
印次	2024年12月第1次印刷
定价	45.00元

前　言

建筑绿色低碳转型是我国实现"双碳"目标的重要方向之一,国务院《2030年前碳达峰行动方案》、住房和城乡建设部《"十四五"建筑节能与绿色建筑发展规划》等关键政策明确了建筑绿色低碳转型路径,建筑节能行业向纵深发展将成为必然趋势。根据清华大学建筑节能研究中心的最新数据,2020年全国建筑运营碳排放量达到了$2.16×10^9$ t,占全国碳排放总量的21.7%,建筑能耗已成为社会可持续发展的突出问题。建筑能耗模拟与分析可以对建筑设计方案进行比较和优化,是改善和提高建筑系统能效与性能的一种重要途径。

建筑环境是由室外气候条件、室内各种热源的发热状况以及室内外通风状况决定的。建筑环境控制系统的运行状况也必须随着建筑环境状况的变化而不断进行相应的调节,以实现满足舒适性及其他要求的建筑环境。由于建筑环境变化是由众多因素决定的一个复杂过程,因此只有通过计算机模拟计算的方法才能有效地预测建筑环境在各种控制条件下可能出现的状况,例如室内温湿度随时间的变化、采暖空调系统的逐时能耗以及建筑物全年环境控制所需要的能耗等。采用模拟的方法对设计建筑进行量化评估,可以获得设计方案性能表现的完整信息,帮助评价体系在控制建筑环境质量与性能的前提下,较为准确地考察建筑的环境负荷(最终体现为设计方案付出的经济代价)。因此,在建筑物及其系统的设计阶段,通过计算机进行建筑物的能耗模拟是一种广泛应用的获取能耗数据和辅助设计分析的手段。

本书共7章,第1章简要说明建筑能耗分析的重要意义、建筑性能评价、建筑能耗分析常用软件及基本能耗分析流程;第2章介绍建筑能耗分析基本原理,包括简化模拟方法(度日数法、温频法)和详细模拟方法(正向模拟和逆向建模方法);第3章介绍气象、室内得热参数、围护结构特性参数、空调设备特性基本参数、建筑能耗分类标准和能源折算等建筑能耗分析基础数据;第4章介绍主动式节能技术能耗分析;第5章介绍建筑朝向的合理布置、遮阳的设置、建筑围护结构的保温隔热技术、自然通风等被动式节能技术能耗分析;第6章简单介绍建筑能耗分析软件 DesignBuilder 的基本操作;最后在第7章给出12个具体的能耗分析及节能改造案例。

本书由安徽建筑大学王海涛、成祖德、陈萨如拉、夏永放、冯军胜,安徽理工大学杜传梅、张俪安,安徽省建筑科学研究设计院沈念俊合编,王海涛和成祖德担任主编,研究生吴方昊、罗达、朱玉琨、严亚茹、游剑飞、王海洋、叶典礼、汪国瑞、王浩杰、徐寰宇、王超、李思琪对书稿进行了整理和校对工作,在此表示感谢! 全书由王海涛统稿。

需要特别说明的是,作为安徽省研究生规划教材,本书汲取了传统建筑能耗分析理论及实践的许多精髓,借助了国内外众多的信息源,本书的参考文献中未能一一列举,在此谨向被引用的各种资料的原作者表示衷心的感谢。

由于编者水平有限,书中难免有错漏之处,敬请读者不吝赐教。

编 者
2024年8月

目　　录

前言 ·· (i)

第1章　绪论 ··· (1)
1.1　建筑能耗分析的意义 ·· (1)
1.2　建筑能耗分析与建筑性能评价 ··· (2)
1.3　建筑能耗分析软件 ·· (5)
1.4　建筑能耗分析工作流程 ·· (10)
1.5　建筑能耗分析发展与应用 ··· (12)

第2章　建筑能耗分析基本原理 ·· (14)
2.1　简化能耗估算方法 ·· (15)
2.2　正演模拟方法与模型 ··· (18)
2.3　逆向建模方法（数据驱动方法） ·· (34)

第3章　建筑能耗分析基础 ·· (38)
3.1　建筑能耗分析数据基础 ·· (38)
3.2　建筑能耗分类标准和能源折算 ··· (51)
3.3　建筑能耗分析数据获取 ·· (56)

第4章　主动式节能系统能耗分析 ··· (58)
4.1　室内环境调节系统 ·· (58)
4.2　测量和控制系统 ··· (67)

第5章　被动式节能技术能耗分析 ··· (71)
5.1　围护结构性能参数与建筑节能技术 ··· (71)
5.2　自然通风技术及策略 ··· (84)
5.3　自然采光设计对能耗的影响 ·· (92)

第6章　DesignBuilder建筑能耗分析软件 ·· (94)
6.1　DesignBuilder软件概述 ··· (94)
6.2　DesignBuilder软件相关参数 ··· (95)
6.3　DesignBuilder建筑能耗分析工作流程 ··· (104)

第 7 章　案例 ……………………………………………………（110）
7.1　某医院节能改造 ……………………………………………（110）
7.2　某大学第二附属医院综合节能改造 …………………………（115）
7.3　某购物中心节能改造 …………………………………………（122）
7.4　某商业综合体谐波治理节能改造 ……………………………（126）
7.5　某超市节能改造 ………………………………………………（129）
7.6　某政务中心第二办公区节能改造 ……………………………（134）
7.7　某政务大厦配电系统节能改造 ………………………………（138）
7.8　某科技实业园 A6 楼办公楼节能改造 ………………………（142）
7.9　某中学节能改造 ………………………………………………（151）
7.10　某医院急救中心节能改造 ……………………………………（156）
7.11　某大酒店节能改造 ……………………………………………（158）
7.12　某大饭店节能改造 ……………………………………………（169）

参考文献 ……………………………………………………………（174）

第1章 绪 论

1.1 建筑能耗分析的意义

从建筑全寿命周期角度出发,可将建筑产品的寿命周期分为四个阶段,包括建筑材料生产、运输阶段、建筑施工阶段、建筑运行使用阶段、建筑拆除及废弃物处理阶段,以此对建筑能耗相关概念进行界定(图1.1)。具体内涵为:

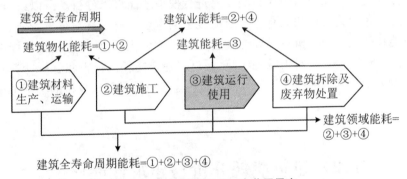

图1.1 建筑能耗相关概念范围界定

(1) 建筑能耗,指建筑运行阶段能耗,包括维持建筑环境的终端设备用能(如供暖、制冷、通风、空调和照明等)和各类建筑内活动(如办公、炊事等)的终端设备用能。

(2) 建筑业能耗,指作为国民经济物质生产部门建筑行业的能源消费,主要为建筑企业的施工生产能耗。

(3) 建筑领域能耗,指建筑运行能耗和建筑业能耗之和。

(4) 建筑物化能耗,指将建筑物作为建筑工程的最终产品,在其建造过程中原材料的开采、生产、运输、构件生产、施工等过程所消耗的各类能源总和,包含建材生产和建筑施工能耗。

(5) 建筑全寿命周期能耗,指建筑作为最终产品,在其全寿命周期内所消耗的各类能耗总和,包括建材生产运输、建筑施工、建筑使用运行和建筑拆除处置能耗。

建筑能耗(这里指运行能耗)属于消费领域的能耗,即在住宅、办公建筑、学校、商场、宾馆、交通枢纽、文化娱乐设施等非工业建筑内,为居住者或使用者提供供暖、通风、空调、照明、炊事、生活热水以及其他为了实现建筑的各项服务功能所消耗的能源。根据清华大学建筑节能研究中心的最新数据,2020 年全国建筑运营碳排放量达到了 2.16×10^9 t,占全国碳排放总量的 21.7%。由于我国建筑面积的迅速增长和能耗强度的逐年上升,建筑能耗占比也不断上升。建筑能耗已成为社会可持续发展的突出问题。因此,通过发展绿色建筑、开展既有建筑节能改造推动我国建筑的可持续发展是解决我国能源和资源问题的重要战略。

建筑模拟(building simulation)是指对建筑环境与系统的整体性能进行模拟分析的方法,主要包括建筑能耗模拟、建筑环境模拟(气流模拟、光照模拟、污染物模拟)和建筑系统仿真。其中建筑能耗模拟是对建筑环境、系统和设备进行计算机建模,并计算出逐时建筑能耗的技术。

在建筑能耗中,采暖空调能耗和照明能耗通常是占比最大的,也是节能潜力最大的两个部分。建筑能耗不仅取决于其围护结构、照明系统和空调系统各自的性能,更取决于其整体的性能。一幢大型的商业建筑,其各个系统和设备之间以及其环境之间的复杂和动态的相互影响需要进行模拟才能得以分析。可以说,建筑能耗模拟是绿色建筑设计和既有建筑节能改造的重要分析工具。对于新建建筑,通过建筑能耗的模拟与分析对设计方案进行比较和优化,使其符合相关的标准和规范,进行经济性分析等;对于既有建筑,通过对建筑能耗的模拟和分析计算确定节能改造的方案。建筑能耗分析已经成为绿色建筑设计、评价、分析的必不可少的重要工具之一。

1.2 建筑能耗分析与建筑性能评价

节约能源在所有建筑性能评价体系中都是非常重要的组成部分,也是实现建筑物可持续发展的必备条件。国内外主要的绿色建筑评价体系中,与能源相关的条文大致归纳如表 1.1 所示。

从表 1.1 可以看到,为有效节约能源,各国评价体系对不同环节的细节都给予了关注,涉及能耗需求的源头、能源消耗系统的效率、能源供应结构,乃至能源系统的运行管理和监控。而不论关注哪个环节,建筑物能耗都是不可或缺的基础信息。在建筑交付、使用的不同阶段,由于建筑物节能的侧重点和控制目标不尽相同,建筑物能耗数据的含义、作用和数据获取方法是不太一样的。

表1.1 国内外主要的绿色建筑评价体系中的能源相关条文

评价体系	相关条文	涉及能耗内容
BREEAM(英国)(building research establishment environmental assessment method)	Ene01、Ene02、Ene03、Ene04、Ene05、Ene06、Ene07、Ene08	负荷需求、能源消耗、能耗监测、照明效率、免费供冷、制冷系统、人员输送设备、实验室系统和办公设备等的节能
DGNB(德国)(deutsche gesllschaft für nachhaltiges Bauen)	10、11、35	不可再生能源需求、总的一次能源需求和可再生能源比例、围护结构质量
LEED(美国)(leadership in energy and environment design)	必备项中的1、2,得分项中的1、2、3、5、6	建筑能源系统的基本调试、最低能效、优化能效、当地可再生能源、强化调试、测量与验证、绿色电力
CASBEE(日本)(comprehensive assessment system for building environmental efficiency)	LR1.1、LR1.2.1、LR1.2.2、LR1.3、LR1.4.1、LR1.4.2	建筑物冷热负荷的降低、自然能源的直接利用、可再生能源的转换利用、设备系统的高效化、监控和运行管理系统
中国绿色建筑评价标准	控制项5.2.1、5.2.2、5.2.3、5.2.4、5.2.5,一般项5.2.6、5.2.7、5.2.8、5.2.9、5.2.10、5.2.11、5.2.12、5.2.13、5.2.14、5.2.15,优选项中的5.2.16、5.2.17、5.2.18、5.2.19	围护结构热工性能、冷热源机组能效比、不采用电热和照明功率密度现行值、分项计量;建筑总平面设计、外窗幕墙可开启、外窗气密性、合理蓄冷蓄热、新风热回收、可调新风比、部分负荷空调节能、输送系数、余热废热利用、分项计量;建筑总能耗、分布式热电冷联供、可再生能源、照明功率密度目标值

比如,在LEED评估体系中,EAP2(energy and atmosphere:minimum energy performance,最低能效)和EAC1(energy and atmosphere:optimize energy performance,最优能效)这两个得分点的宗旨都是希望通过提高建筑的能效减少建筑对环境和经济的影响。EAP2和EAC1要求建筑和机电设计必须满足美国采暖、制冷与空调工程师协会ASHRAE(American society of heating refrigerating and air-conditioning engineers,Inc.)的标准90.1*Energy Standard* *for Buildings Except Low Rise Residential Buildings* 当中 5.4、6.4、7.4、8.4、9.4 和 10.4 节的要求,同时通过模拟的方法证明设计建筑至少有 10% 的运行费用节省;或满足相关的规定性检验指标。可以看到,EAP2 和 EAC1 都是针对设计阶段的评价要求,由于建筑物尚未交付使用,此时的建筑能耗代表的是设计方案的预测能耗,同时由于主要考察的是设计方案的能效,在模拟分析时,相应地可能简化建筑物实际运行状况(比如运行管理方式)对能耗产生的影响。2003 年 7 月日本国土交通省、日本可持续建筑协会(建筑物综合环境评价研究委员会)合作开发出"建筑物综合环境性能评价体系(CASBEE)"。CASBEE 提出了建筑物环境效率(building environmental efficiency,BEE)的新概念,将建筑物环境质量与性能(Q)与建筑物环境负荷(L)的相对大小($BEE = Q/L$)作为评价建筑物"绿色"程度的定量指标,这对于澄清绿色建筑的实质,全面评价建筑的环境品质和对资源、能源的消耗及对环境的影响有积极的作用。CASBEE 由四个与设计流程紧密联系的评价工具构成,包括规划与方案设计、绿色设计(design for environment,DfE)、绿色标签、绿色运营与改造设计四个评价工具,分别应用于设计流程的各个阶段。各评价工具具有不同的目的和使用对象,分别对应于各种用途(办公建筑、学校、公寓式住宅等)的建筑物。CASBEE 的评价对象包括四个领域:① 能量消费;② 资源再利用;③ 当地环境;④ 室内环境。其对应于建筑物环境质量与性能(Q)与建筑物环境负荷(L)的关系如图 1.2 所示。

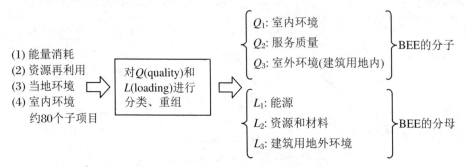

图 1.2 评价项目对 Q 和 L 的分类与组合

从图 1.2 所展示的 Q 和 L 的关系可以看到,能源评估同样包括两个互相关联的方面:建筑物环境质量与性能、建筑物环境负荷(这里专指能量消耗)。只有确定建筑物所达到的环境质量和性能,才能有效评估能量消耗的建筑物环境效率。

在建筑性能评价当中,建筑能耗分析数据有非常重要的意义。对照 CASBEE 提出的"建筑物环境效率(BEE)"的概念和图 1.2 的分解,可以看到,能源消耗属于建筑物环境负荷(L)的一部分。相应地,以该环境负荷为代价,将会获得一定的建筑物环境质量与性能(Q),其内涵可能涉及室内环境、室外环境的不同方面。仍以 CASBEE 为例,图 1.2 中建筑物环境质量与性能的三部分内容被分解为表 1.2 所列条目。

表 1.2　CASBEE 的建筑物环境质量与性能的细分条目

Q_1: 室内环境	声环境	1 噪声；2 隔声；3 吸声
	热环境	1 温度控制；2 湿度控制；3 空调方式
	光环境	1 自然光利用；2 炫光对策；3 照度；4 照明控制
	室内空气品质	1 污染源控制；2 新风；3 运行管理
Q_2: 服务质量	功能室	1 功能性与易操作性；2 心理与心情
	耐用性和可靠性	1 抗震与减震；2 维护更新的必要时间间隔；3 可靠性
	适应性与可更新性	1 空间裕度；2 载荷裕度；3 设备的可更新性
Q_3: 室外环境	保护与营造生物环境	—
	街道排列与景观造型	—
	地域特征与室外舒适性	—

如表 1.2 所示，热环境、光环境、室内空气品质的质量与性能都与能源消耗有直接的关系，保护与营造生物环境、舒适性也可能与能源消耗有关。只有以这些环境质量和性能的评价为基础，其相应的能源消耗的评价才有实际意义。可以说，不论哪个环节的节能评估，都不能脱离环境质量和性能的评价。在实际建筑物当中，能源消耗不仅带来了一定质量的建筑环境，也满足了相当多的功能需求，比如室内人员交通、室内给排水、安防监控等。对于 CASBEE 这样的绿色建筑评价体系，由于要兼顾"四节一环保"，针对建筑能耗的性能评估不能充分展开，表 1.2 当中列出的细分条目并不能完全涵盖与建筑能耗相对应的所有建筑环境质量和性能。相对绿色建筑评价体系，专门针对建筑能耗的公共建筑性能评估也得到发展，如北京市制定了《公共建筑节能评价标准》(DB11/T 1198.2015)，山西省土木建筑学会编制了《公共建筑项目节能评估标准》(T/SXCAS 001.2019)，中国建筑科学研究院有限公司等单位编制了《公共建筑能效评估标准》(T/CECS 1187.2022) 等。

1.3　建筑能耗分析软件

建筑能耗分析软件主要功能是模拟建筑在不同条件下的能耗情况，为建筑设计、改进和优化提供科学依据和技术支持。这类软件的发展经历了多个阶段，并逐步积累了丰富的功能和特征。首先，建筑能耗分析软件在发展初期主要是针对建筑热工性能进行模拟和评估的工具。它们能够对建筑的热传递、通风、采光等关键参数进行模拟计算，从而评估建筑在不同季节、不同气候条件下的能源消耗情况。现代建筑能耗分析软件不仅能够进行静态模拟，还能够进行动态模拟，考虑建筑在不同时间尺度上的能耗情况,包括日、月、年甚至多年的变化。其次,建筑能耗分析软件具有高度可定制性和灵活性。用户可以根据具体项目的需求和要求,选择不同的输入参数、模型和算法,进行个性化定制,从而更好地满足项目的实际情况。此外,建筑能耗分析软件的使用范围也在不断扩大。除了用于建筑设计过程中的能源效率评估和优化外,它们还被广泛应用于建筑节能改造、能源管理和政策制定等领域。通过模拟分析,可以为决策者提供科学的依据,指导建筑节能政策的制定和实施。未来,随着技术的不断进步和应用的深入,建筑能耗模拟将有望更好地应对这些挑战,为建筑行业的可持续发展作出更大贡献。目前建筑能耗模拟常用分析工具主要包括美国的 DOE-2、EnergyPlus,欧洲的 ESP-r 和中国的 DeST 等。表 1.3 中列出了国内外常用的建筑能耗模拟软件。

表 1.3 国内外建筑能耗模拟软件

	软件名称	兼容性	主要功能	优点	缺点
国外	EnergyPlus	SU	建筑冷热负荷及全年能耗动态模拟;多区域气流分析;太阳能利用方案设计及建筑热性能研究	软件功能全面,使用广泛,是开源软件;为 SU 的一款插件,建模简单方便	需要借助一些外部软件进行操作;对系统的处理能力偏弱;对暖通空调系统控制方式的模拟能力较弱
	DOE-2	DOE-2	用反应系数法进行动态热环境模拟;逐时能耗分析 HVAC 系统运行的寿命周期成本(LCC)分析	软件开源;有非常详细的建筑能耗逐时报告;可处理结构和功能较为复杂的建筑	已经停止更新;输入较为麻烦,需经过专门培训
	esign builder	BIM、Design Builder	帮助设计师和工程师优化建筑的能源效率、室内环境舒适性和环境性能,实现可持续发展的建筑设计目标	为用户提供全面的建筑设计和性能评估支持;用户友好、灵活性强及可视化效果好	学习困难;商业软件;对计算资源有一定需求

续表

	软件名称	兼容性	主要功能	优点	缺点
国外	Ladybug tools	Rhino	可以进行各种环境分析,包括日照分析、风流分析、室内舒适性分析等;包含Honeybee插件,用于建筑能源模拟	免费和开源;容易操作、内置多种模板、综合性全面;可视化效果直观	基于Grasshopper平台,用户需要先掌握其基本操作才能充分发挥其功能
	ESP-r	CAD	采用热平衡法进行计算,可对影响建筑能源特性和环境特性的因素做深入评估	开源;可在Linux或Windows平台上运行	需对专业知识具有深入理解
	TRNSYS	TRNSYS内置的建筑编辑器	采用热平衡法进行计算;分析HVAC系统和控制、多区域气流;太阳能利用方案设计以及建筑热性能研究	功能较为全面,计算较为灵活;开源程度高易与MATLAB、Python、C++进行调用和编程	没有为建筑和HVAC系统设定合理的缺省值,用户必须逐项输入两者较为详细的信息
	Ecotect	CAD、SU、Revit、3Dmax	它主要用于可持续建筑设计和环境分析;可以评估建筑材料的性能,包括隔热、隔音等方面,帮助设计者选择合适的材料	功能丰富;用户界面友好;可视化效果好;数据输入输出方便	商业软件;软件的部分功能在当今建筑设计领域可能较为基础,可能需要配合其他工具进行综合分析
	IESVE	Revit、SU	建筑能源模拟;室内舒适性分析;建筑系统优化;多种系统模拟,包括传统的空调系统、地源热泵系统	功能丰富;软件采用了先进的数值模拟技术,模拟结果精度高;软件支持参数化设计,可以帮助用户快速生成不同版本的建筑方案,并进行分析和比较,提高设计效率和灵活性	商业软件;需要一定的时间和精力来掌握其使用方法和技巧;系统要求较高,运行需要较高的计算机配置和系统要求

续表

	软件名称	兼容性	主要功能	优点	缺点
国外	eQUEST	CAD	对建筑进行动态能源模拟,包括采暖、通风、空调等系统的能耗;评估不同的建筑设计方案,找到最优设计方案,以降低能源消耗和运营成本;支持模拟多种建筑系统	免费和开源;在建筑行业被广泛应用和验证;能够提供相对准确的建筑能源模拟结果	需要一定的时间和精力来掌握其使用方法和技巧;界面不够友好;相对简陋,不够直观
国内	DeST	CAD	基于状态空间法建立建筑动态热过程模型,拥有完善的建筑节能设计模块;是建筑环境及HVAC系统模拟的软件平台	依托于AutoCAD平台,操作方法简便;整个软件贯穿全工况分析和分阶段模拟概念	不能识别国内常用的建筑设计软件绘制的电子图档,如天正建筑、浩辰建筑、斯维尔建筑、中望建筑等;软件内部没有逐时气象数据参考,对建筑能耗模拟的准确性造成影响
国内	Sefaira	SU、Revit	进行实时的建筑能源模拟和分析;帮助设计者在设计过程中评估建筑的能源效率,并提供即时反馈和优化建议	易于使用;基于云端的软件,支持多用户实时协作,设计团队成员可以在不同地点同时对建筑模型进行分析和修改;自动优化	商业软件;依赖互联网连接;功能较为基础,可能无法满足一些复杂项目的需求
国内	斯维尔	天正、Revit、SU、Rhino、3Dmax等	采光分析;建筑通风;能耗计算;暖通负荷;日照分析;室内热舒适、住区热环境	软件兼容性强;一模多算,无须多次建模;以AutoCAD为平台,保留建筑师已有操作习惯,易学易用	三维效果不美观;非免费软件;软件建模难度大、容错性低

续表

	软件名称	兼容性	主要功能	优点	缺点
国内	PKPM节能	CAD	建筑能耗模拟和节能设计分析;能源系统优化	生成节能设计说明书和计算书;操作简单;紧密贴合标准;数据共享	商业软件;与国际上建筑节能软件相比,PKPM节能软件的功能相对基础,缺少一些高级功能和模块
	天正节能(T.BEC)	CAD	建筑能耗模拟;热工性能分析;建筑系统模拟	针对中国的建筑标准、规范和气候条件进行了本地化支持;用户界面直观,操作简单	商业软件;功能较为基础;更新速度较慢,新的功能和技术可能无法及时引入,可能不能满足一些特定项目的需求
	鸿业	CAD、Revit	以EnergyPlus为计算核心;计算建筑全年负荷,进行能耗分析	计算参数的模板设计和自动优化,简化输入条件	商业软件;相比于传统软件需要花费大量时间

EnergyPlus 是由美国能源部和劳伦斯·伯克利国家实验室共同研发的建筑能源模拟软件,其主要用于评估建筑能耗、热舒适性和室内环境质量等方面。其计算流程包括几个关键步骤:第一,需要对建筑进行详细的几何和系统建模,包括建立建筑的几何形状、材料属性和系统配置。第二,需要设置模拟参数,包括模拟的时间范围、时间步长、模拟控制策略和天气数据等。第三,运行 EnergyPlus 模拟,该模拟将基于建模信息和模拟参数进行计算,模拟建筑在不同时间段内的能耗、热舒适性等情况。第四,对模拟结果进行分析,包括能耗、室内环境条件等方面的数据,以评估建筑性能。第五,根据分析结果进行优化改进,比如调整建筑设计或系统参数,以提高能源效率和舒适性。在进行建筑能耗模拟时,需要注意模型精度、天气数据的选择、模拟参数的设定、模拟结果的解释和验证等方面。

DOE-2 由美国能源部和劳伦斯·伯克利国家实验室共同研发,第1版于20世纪70年代推出,但是随着美国能源部研发的新版建筑能耗计算工具 EnergyPlus 的推出,DOE-2 在1999年停止更新。DOE-2 通过四个步骤对建筑能耗进行模拟计算:首先是根据用户给出的室外空气温度计算建筑主体的建筑能耗;其次是系统计算,计算实际由空调系统承担的建筑冷热负荷;再次是建筑的能源需求,比如锅炉等消耗的能源,需要考虑设备及部件的效率问题;最后计算整个建筑能耗所需的费用,即进行经济性分析。采用 DOE-2 程序计算建筑能耗,要求输入以下主要参数数据:① 气象数据;② 用户数据;③ 建筑材料数据、围护结构构造数据。

DesignBuilder 是一款功能强大的建筑能源模拟软件,其特点和适用范围广泛,适用于建筑能耗分析、绿色建筑设计和优化。其直观的用户界面和多功能性使其成为设计师、工程师和能源专家的首选工具。软件内置了多种建筑能源模拟工具,包括能源模拟引擎和 CFD 模块,能够对建筑的热、光、风、湿等方面进行详细的模拟分析。DesignBuilder 的灵活性也非常突出,支持与 BIM 软件集成,可以直接导入 BIM 模型进行建筑能源模拟,使模拟过程更加高效。在建筑能耗分析工作流程中,用户首先通过 DesignBuilder 创建建筑模型,并设置模拟参数,然后运行能源模拟,分析模拟结果,优化设计并生成报告。相关模拟参数包括建筑几何参数、材料参数、系统参数和外部环境参数等,通过调整这些参数可以进行全面的建筑能耗分析。

TRNSYS 是一款广泛用于建筑能源系统仿真的软件,其计算流程包括以下几个关键步骤:首先,需要对建筑系统进行详细的建模,包括建筑结构、能源设备、控制策略等。其次,选择合适的天气数据以及仿真期间的时间步长和时间间隔。再次,设置仿真参数,包括模拟时间、初始条件、控制策略等。最后,运行仿真模型并记录模拟结果,包括能源消耗、室内环境条件等。在使用 TRNSYS 进行建筑能源系统仿真时,需要注意以下几点:首先,确保建模过程中的参数和输入数据准确无误,以确保模拟结果的可靠性。其次,选择合适的天气数据和仿真时间范围,以反映实际情况。再次,注意选择合适的模拟参数和控制策略,以获取准确的仿真结果。此外,对仿真结果进行适当的分析和解释,以评估系统性能并提出改进建议。最后,不断更新和改进模型,以反映建筑系统的变化和优化需求。

1.4 建筑能耗分析工作流程

对于不同的用能系统来说,能耗模拟分析工作的流程基本一致,下面以计算分析较为复杂的空调系统能耗模拟为例,介绍能耗模拟分析流程的基本内容。空调系统能耗模拟分析工作的大体步骤可参考图 1.3 所示模拟流程示意图。

从图 1.3 可以看出,为了获得可供分析的模拟结果,大致要经历建立模型、设定参数及模拟计算三个工作步骤。

1. 建立模型

对于新建建筑物的模拟来说,建立模型就是根据建筑物的图纸在模拟软件当中建立描述建筑物的几何信息的模型,其中包括建筑物的空间尺寸、围护结构尺寸

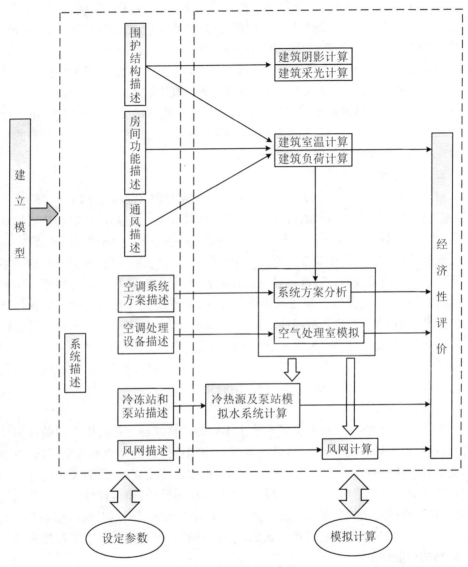

图 1.3 模拟流程示意图

等,通过这些信息,反映建筑物的朝向、平面布局、房间划分、窗墙屋顶等围护结构的面积和位置等。根据模拟软件支持的建模功能不同,目前常用的建立模型的方法有两种:一种是直接将一定格式的建筑图纸读入模拟软件,由模拟软件生成可供修改的建筑物模型;另一种是以建筑图纸为参考,由模拟人员在软件中构建建筑物模型。如果建筑物图纸能够很好地满足能耗模拟对建筑物模型的要求,那么前一种建模方式将会大大节约模拟分析的工作量。实际模拟分析工作当中,由于建筑图纸并不是服务于空调能耗模拟的技术文件,因此图纸信息难免出现不符合空调能耗模拟对建筑物模型的要求的情况,比如建筑图纸上对围护结构的描述往往过于注重细节,将建筑物局部造型的细部都描绘出来,同时又无法保证空间的闭合,这就给模拟软件读取建筑图纸构建空间闭合的、可计算的建筑物模型带来了困难。而且,实际建筑物往往有特殊的围护结构造型设计,这些设计对建筑热环境的影响可能不大,但会给模型建立带来许多挑战。因此,实际上,不论采用哪一种方式建立建筑物模型,往往都需要对建筑图纸所描述的建筑物细节进行一定程度的简化。简化工作的基本原则就是不对建筑热环境模拟造成明显的影响。有时候,由于计算时间的限制,也需要对模拟的建筑物进行模型简化,比如将布局和功能相同的楼层简化为一个标准层进行模拟。

2. 设定参数

对于空调系统能耗模拟来说,设定参数包括室外气象参数、室内外自然通风量、室内扰量参数、围护结构的特性参数、暖通空调系统模型参数、建筑物热湿控制要求、暖通空调系统设备开关状态、暖通空调系统的控制策略和控制参数。设定参数是能耗模拟计算过程中非常重要的一个步骤,参数设定不准确,模拟计算的结果就不可靠。不同参数的描述准确性的具体内容是不同的,针对具体的模拟分析对象,需要首先分析模拟目的和建筑物的特点,确定不同输入参数的能耗敏感性之后,才能明确各参数对描述准确性的要求,从而进行恰当的参数设定。由于计算模型的差异,不同模拟软件对输入参数设定的要求也不尽相同,但参数设定所应遵循的基本原则是一致的,参数设定的重要前提工作就是对参数描述准确性的分析。本书第 3 章将对需要设定的参数进行详细的介绍。

3. 模拟计算

实际模拟分析时,往往根据需求选用不同的计算软件。在选用不同的模拟计算软件时,由于计算模型的差异,其所提供的模拟计算功能可能不完全相同,所能输出的计算结果包含的内容也不完全相同。模拟计算完成后,还需要进行计算结果的整理分析。通常模拟分析的过程也不是一蹴而就的,模拟计算可能需要反复进行,比如修改建筑物模型或修改参数设定,模拟分析人员通过对模拟结果的深入分析,可以加深对模拟分析对象的认识,从而不断完善模拟计算,以更好地服务于建筑物的性能评估。

1.5 建筑能耗分析发展与应用

建筑能耗分析的发展始于 20 世纪 60 年代中期,采用动态模拟方法分析建筑围护结构的传热特性并计算动态负荷。初期的研究重点是传热的基础理论和负荷计算方法,例如一些简化的动态传热算法,如度日数法和温频法等。在这个阶段,建筑模拟的主要目的是改进围护结构的传热特性。20 世纪 70 年代的全球石油危机之后，建筑能耗分析越来越受到重视，同时随着计算机技术的飞速发展，使得大量复杂的计算成为可能。因此在全世界出现了一些建筑能耗模拟分析软件，包括美国的 BLAST、DOE-2，欧洲的 ESP-r 和中国的 DeST 等。20 世纪 70 年代末期，一些模块化的空调系统模拟软件也逐渐被开发出来，如美国开发的 TRNSYS 和 HVACSIM+。20 世纪 90 年代初，化石能源的大量消耗和氟利昂制冷剂的泄漏造成大气臭氧层的破坏，全球变暖现象加剧，健康舒适但能耗较低的绿色建筑成为全世界范围建筑的发展重点，也促进了建筑能耗分析技术的发展。这段时间，建筑能耗模拟软件不断完善，并出现一些功能更为强大的软件，例如 EnergyPlus。建筑模拟的研究重点也逐步从模拟建模(modeling)向应用模拟方法转移，即将现有的建筑能耗模拟软件应用于实际的工程和项目，改善和提高建筑系统的能效和性能。

经过多年的发展，建筑能耗模拟已经在建筑环境和能源领域得到越来越广泛的应用，贯穿于建筑的整个寿命周期，包括建筑的设计、建造、运行、维护和管理，具体的应用有：

(1) 建筑冷/热负荷的计算，用于空调设备的选型；

(2) 在设计新建筑或者改造既有建筑时，对建筑进行能耗分析，以优化设计或节能改造方案；

(3) 建筑能耗管理和控制模式的设计与制定，保证室内环境的舒适度，并挖掘节能潜力；

(4) 与各种标准规范相结合，帮助设计人员设计出符合国家或当地标准的建筑；

(5) 对建筑进行经济性分析，使设计人员对各种设计方案从能耗与费用两方面进行比较。

第 2 章 建筑能耗分析基本原理

建筑能耗分析的对象是两种类型的建筑：新建建筑和既有建筑。对于新建建筑，通过建筑能耗的模拟与分析对设计方案进行比较和优化，使其符合相关的标准和规范等；对于既有建筑，通过建筑能耗的模拟和分析计算基准能耗和节能改造方案的能耗和费用的节省等。前者通常采用正演模拟(forward modeling)的方法，后者采用逆向模拟(inverse modeling)的方法。

用来描述建筑系统的数学模型由三个部分组成：

(1) 输入变量，包括可控制的变量和无法控制的变量(如天气参数)。

(2) 系统结构和特性，即对于建筑系统的物理描述(如建筑围护结构的传热特性、空调系统的特性等)。

(3) 输出变量，系统对于输入变量的反应，通常指能耗。在输入变量和系统结构和特性这两个部分确定之后，输出变量(能耗)就可以得以确定。因应用的对象和研究目的的不同，建筑能耗模拟的建模方法可以分为两大类。

正演模拟方法(经典方法)：在输入变量和系统结构与特性确定后预测输出变量(能耗)。这种模拟方法从建筑系统和部件的物理描述开始，例如，建筑几何尺寸、地理位置、围护结构传热特性、设备类型和运行时间表、空调系统类型、建筑运行时间表、冷热源设备等。建筑的峰值和平均能耗就可以用建立的模型进行预测和模拟。

逆向模拟方法(数据驱动方法)：在输入变量和输出变量已知或经过测量后已知时，估计建筑系统的各项参数，建立建筑系统的数学描述。与正演模拟方法不同，这种方法利用已有的建筑能耗数据来建立模型。建筑能耗数据可以分为两种类型：设定型和非设定型。所谓设定型数据是指在预先设定或计划好的实验工况下的建筑能耗数据；而非设定型数据则是指在建筑系统正常运行状况下获得的建筑能耗数据。逆向模拟方法所建立的模型往往比正演模拟方法简单，而且对于系统性能的未来预测更为准确。

本章对简化能耗估算方法及两大类建模方法进行介绍。

2.1 简化能耗估算方法

简化能耗估算方法是相对于详细模拟方法而言的,包括度日数法、温频法等。简化模拟法因其简便的输入和快速的运行速度在一些模拟软件中仍然采用。

2.1.1 度日数法

度日数法(degree day method)是最简单的估算建筑能耗的方法,在建筑用能及空调设备效率相对稳定不变的情况下适用。如果设备效率或能耗随室外温度变化,则需要采用温频法即计算不同室外温度与相应小时数的乘积来估算。如果室内温度随内部负荷的变化而波动,简单的稳态模型如度日数法就不能用了。

虽然详细模拟方法被广泛采用,能够很快地建模计算建筑能耗,度日数和平衡温度的概念仍然是非常有用的估算建筑能耗的工具,某个城市的气候条件也可以用度日数明确的表达。而且,当室内温度和内部得热相对稳定,其采暖与供冷连续运行整个供热/供冷季的话,则度日数法还是一种简便的估算全年负荷和能耗的方法。

1. 平衡温度(balance point temperature)

建筑的平衡温度 t_{bal} 是指在某一特定的室内温度 t_i 下,总的热损失正好被太阳辐射、室内人员、照明、设备等的得热抵消的室外温度 t_o:

$$t_{bal} = t_i - \frac{q_{gain}}{K_{tot}} \tag{2.1}$$

式中,K_{tot} 为建筑总热损失系数,单位为 W/K;得热 q_{gain} 是计算时段的平均值,并非峰值,太阳辐射也是平均值,非峰值。

当室外温度 t_o 降低到平衡温度 t_{bal} 以下时才需要供热,供热能耗 q_h 可以表示为

$$q_h = \frac{K_{tot}}{\eta_h} [t_{bal} - t_o(\theta)]^+ \tag{2.2}$$

式中,η_h 为供热系统的效率,全年平均效率;θ 为时间,加号表示仅正值才被计入。

如果 t_{bal}、K_{tot} 和 η_h 保持不变,则全年总供热能耗为 q_h 随时间的积分:

$$Q_{h,yr} = \frac{K_{tot}}{\eta_h} \int [t_{bal} - t_o(\theta)]^+ \, d\theta \tag{2.3}$$

2. 年度日数法(annual degree day method)

如果把室外温度日平均值低于平衡温度的差值进行总和,则得到基于平衡温度 t_{bal} 的供热度日数(heating degree day,HDD):

$$\mathrm{HDD}(t_{\mathrm{bal}}) = \sum_{i=0}^{n}(t_{\mathrm{bal}} - t_{\mathrm{o},i})^{+} \qquad (2.4)$$

式中，n 为供热期天数或计算天数；t_{bal} 通常为 18.3 ℃。

由此得全年总共热能耗：

$$Q_{\mathrm{h,yr}} = \frac{K_{\mathrm{tot}}}{\eta_{\mathrm{h}}}\mathrm{HDD}(t_{\mathrm{bal}}) \qquad (2.5)$$

供冷度日数(cooling degree day，CDD)的计算公式与 HDD 相似：

$$\mathrm{CDD}(t_{\mathrm{bal}}) = \sum_{i=0}^{n}(t_{\mathrm{o},i} - t_{\mathrm{bal}})^{+} \qquad (2.6)$$

采用供冷度日数计算供冷能耗，并不像计算供热能耗那么简单，与式(2.5)相似，可以写成

$$Q_{\mathrm{c,yr}} = \frac{K_{\mathrm{tot}}}{\eta_{\mathrm{c}}}\mathrm{CDD}(t_{\mathrm{bal}}) \qquad (2.7)$$

上式对于 K_{tot} 恒定的建筑是适用的，而 K_{tot} 为恒定不变的假设在供热季节是可以接受的，因为窗户紧闭且换气次数保持不变。但在过渡季节或供冷季节，可以通过开窗通风或通过增大新风量(空气侧经济器)消除得热，延迟机械制冷的开启时间。机械制冷仅在室外温度高于 $t_{\max}$ 时才需要，$t_{\max}$ 计算式为

$$t_{\max} = t_{\mathrm{i}} - \frac{q_{\mathrm{gain}}}{K_{\max}} \qquad (2.8)$$

式中，$K_{\max}$ 为开窗状态下的建筑总热损失系数，其值随室外风速变化很大，但可以简单的假设其恒定，以计算得到 $t_{\max}$。全年供冷能耗可以用下式来估算：

$$Q_{\mathrm{c}} = K_{\mathrm{tot}}[\mathrm{CDD}(t_{\max}) + (t_{\max} - t_{\mathrm{bal}})N_{\max}] \qquad (2.9)$$

式中，$\mathrm{CDD}(t_{\max})$ 为基于 $t_{\max}$ 的供冷度日数；$N_{\max}$ 为供冷季室外空气温度 t_{o} 高于 $t_{\max}$ 的天数。

这实际上是将图 2.1 中的实线所围区域分解为一个长方形和一个三角形，就可以得到全年供冷能耗。然而，实际建筑的得热和通风量及在室人员的开窗和空调的行为都是变化的，尤其是在采用经济器(economizer)的商业建筑中，因通风增加而多消耗的风机能耗也必须计入，且在非占用时间段空调系统关闭。因此，供冷度时数(cooling degree hour，CDH)比度日数更能代表空调设备运行的时间，因为度日数是假设只要有冷负荷系统运行就不间断。

潜热负荷是建筑负荷的重要组成部分，可以用下式来估算供冷季逐月潜热负荷：

$$q_{\mathrm{latent}} = \dot{m}h_{\mathrm{latent}}(W_{\mathrm{o}} - W_{\mathrm{i}}) \qquad (2.10)$$

式中，q_{latent} 为月潜热冷负荷，单位为 kW；

$\dot{m}$ 为月总渗透风量，单位为 kg/s；

h_{latent} 为水的汽化潜热，单位为 kJ/kg；

W_{o} 为室外空气含湿量(月平均)；

W_i 为室内空气含湿量(月平均)。

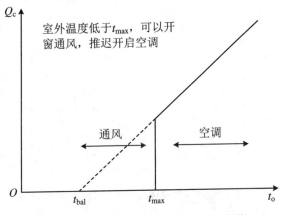

图 2.1 与室外空气温度 t_o 相关的冷负荷

度日数法假设平衡温度 t_{bal} 恒定,这在实际的建筑中并非如此,因为围护结构传热得热、太阳辐射得热和室内热源得热等都是在变化的,在室外气温与平衡温度相差较小的过渡季节,有可能存在一天之中有些时间需要供冷(白天),有些时间需要供热(晚上)的现象。过渡季人们可以通过开窗通风来调节室内状态,而这样的人员行为是无法用度日数法来准确估算的。因此,度日数法估算供冷能耗的准确性难以得到保证。

但是,采用合适的基准温度(base temperature)的度日数法对于以围护结构传热损失为主导的单热区建筑的年供热能耗还是可以做出相当准确的估计。

2.1.2 变基准温度的年度日数法

采用供热度日数 HDD(t_{bal})计算供热能耗取决于平衡温度 t_{bal} 的取值。因室内温度设定的个人喜好不同,各类建筑的特性也大不相同,平衡温度取值的变化范围很大,因此采用相同的平衡温度作为基准温度(例如 18.3 ℃)就不适用了。图 2.2 所示为美国的三个城市基于不同的平衡温度的度日数。

2.1.3 温频法则

度日数法即使是变基准温度的度日数法在很多情况下都不适用,因为建筑总热损失系数 K_{tot}、空调系统的效率 η_h 及平衡温度 t_{bal} 并非恒定不变。例如,空气源热泵的效率随室外空气温度的变化而变化;商业建筑中在室人数的变化对内部负荷、室温和新风量都有影响。在这些情况下,采用温频(bin)法则能够获得较为准确的能耗估算。首先根据某某市的气象参数,以室外干球温度 t_o 为中点按照一定

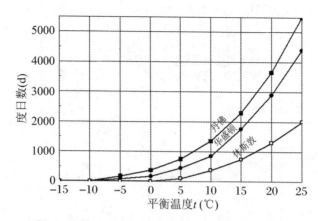

图 2.2 基准温度(平衡温度 t_{bal})的年供热度日数

的间隔(bin)进行均匀划分,统计出不同温度段各自出现的小时数 N_{bin}。分别计算在不同温度频段下的建筑能耗,将计算结果乘以各频段的小时数,相加便可得到全年的能耗量:

$$Q_{bin} = N_{bin} \frac{K_{tot}}{\eta_h} [t_{bal} - t_o]^+ \tag{2.11}$$

式中的 + 号表示仅将计算得到的正值相加,如 t_o 高于 t_{bal},则无须供热。

2.2 正演模拟方法与模型

2.2.1 模型组成

正演模拟方法的模型由四个主要模块构成:负荷模块(loads)、系统模块(systems)、设备模块(plants)和经济模块(economics)。这四个模块相互联系形成一个建筑系统模型。其中负荷模块模拟建筑外围护结构及其与室外环境和室内负荷之间的相互影响;系统模块模拟空调系统的空气输送设备、风机、盘管以及相关的控制装置;设备模块模拟制冷机、锅炉、冷却塔、蓄能设备、发电设备、泵等冷热源设备;经济模块计算为满足建筑负荷所需要的能源费用。图 2.3 为计算流程图。

2.2.2 负荷计算方法与模型

负荷(load)不同于得热(heat gain),其区别就在于得热中的辐射部分。显热得热包含对流部分和辐射部分,对流部分立即成为瞬时负荷,辐射部分被储蓄于围

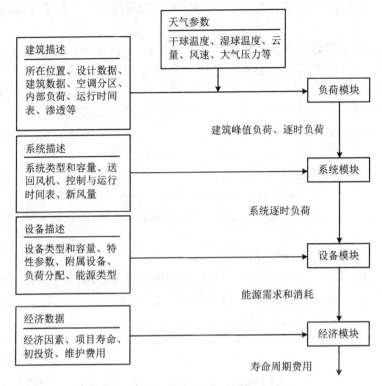

图 2.3　正演模拟方法的计算流程示意图

护结构或家具中,提高各壁面温度,最终以对流形式释放到室内形成负荷,或流失到室外。内部负荷(设备、照明、人员)得热中的对流部分立即成为瞬时负荷,辐射部分被建筑各内壁面和家具吸收和储存,提高壁面和家具表面温度,再与室内空气进行对流热交换,成为瞬时负荷。瞬时冷负荷应与空调系统的除热量相等,否则室内空气中储存的能量将发生变化。而在负荷模拟中忽略室内空气的热容,认为其始终处于热平衡状态,因此室内显热负荷与除热量相等,但符号相反。

负荷模拟有三种方法:热平衡法(heat balance method)、加权系数法(weighting factor method)和热网络法(thermal network method),前两种方法较为常用。

热平衡法和加权系数法都采用传递函数法计算墙体传热,但从得热到负荷的计算方法不同。

1. 热平衡法

热平衡法根据热力学第一定律建立建筑外表面、建筑体、建筑内表面和室内空气的热平衡方程,通过联立求解计算室内瞬时负荷。图 2.4 所示为热平衡法原理图。热平衡法假设房间的空气是充分混合的,因此温度为均一;而且房间的各个表面也具有均一的表面温度,长短波辐射、表面的辐射为散射,墙体导热为一维过程。热平衡流的假设条件较少,但计算求解过程较复杂,耗计算机时较多。热平衡法可以用来模拟辐射供冷供热系统,因为可以将其作为房间的一个表面,对其建立热平衡方程并求解。

图 2.4 所示为非透明围护结构的热平衡过程,虚线框所包围部分对每个表面重复进行。透明围护结构的热平衡过程与之相似,只是在热传导部分应包含其吸收的太阳辐射,分解为两部分:与室内空气对流交换进入室内;与室外空气对流交换散失到室外。图 2.4 中的透射太阳辐射也是通过透明围护结构进入室内的。

(1) 外墙外表面的热平衡方程

$$q_{asol} + q_{LWR} + q_{conv} - q_{ko} = 0 \qquad (2.12)$$

式中,q_{ko} 为通过墙体的导热,单位为 kW;

q_{asol} 为被吸收的直射和散射太阳辐射,单位为 kW;

q_{LWR} 为与室外空气、地面、天空、其他建筑表面间的净长波辐射交换,单位为 kW;

q_{conv} 为与室外空气的对流热交换,单位为 kW;

式(2.12)中的各项均为热流,可以用不同的方法模拟,前 3 项可以采用室外空气综合温度(sol air temperature)进行合并。

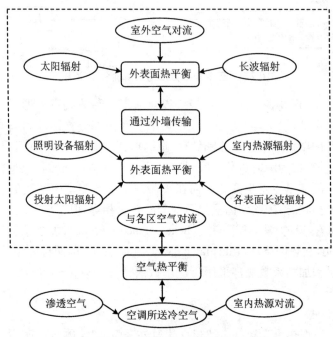

图 2.4 热平衡法原理示意图

(2) 墙体导热过程

图 2.5 所示为外墙的导热过程,T_o 和 T_i 分别为墙体外表面和内表面的温度,q_{ko} 和 q_{ki} 分别为体外表面和内表面的导热热流。因外表面和内表面的热平衡方程中包含温度和导热热流,所采用的方法需同时对其进行求解。有两种方法应用得比较成功:有限差分法和导热传递函数法(conduction transfer function,CTF)。

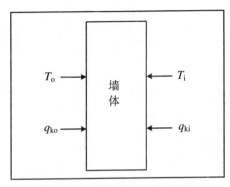

图 2.5 墙体导热过程示意图

有限差分法是将一个墙体传热模型从时间和空间两个方向上离散为差分方程,然后以初始条件为出发点,按时间逐层推进,从而得出最终解的方法。有限差分法可以求解线性和非线性系统,当时间步长和空间步长选择合理时能够取得较高的精度。可以处理多维传热情况,因而常用于分析热桥对墙体动态传热过程的影响。但这种方法为了保证解的收敛和精度需要划分过多的节点;为了计算出最终的结果,需要求出每一个时间步长的整个空间温度分布;当边界条件改变时,必须重新计算所有的参数,因此在负荷计算和能耗模拟中,这种方法并不是很理想的方法。

CTF 是由反应系数法发展而来的。1967 年,Stephenson 和 Mitalas 提出了反应系数法,墙体反应系数序列 $Y(k)$ 被定义为墙体对单位等腰温度三角波输入的热流输出值的等时间序列,它能够描述墙体对室外温度扰量的动态响应过程。通过三角波的叠加逼近室外空气综合温度的变化,从而可以得到墙体热力系统对任意室外扰量的响应。用反应系数法计算墙体非稳定传热的收敛速度较慢,特别是对于重型墙体。为了保证室内得热计算的精确性,反应系数通常要取到 50 项以上,这就造成计算不方便并占有大量的存储空间。因此,反应系数法产生不久,人们就开始寻求对它的改进。1971 年,Stephenson 提出用 Z 传递函数法。与反应系数法一样,传递函数法也可以描述墙体的动态热特性,但所需要的系数项比反应系数项数少得多,使计算时间和计算机所需的存储空间大大减少。ASHRAE 基础手册已包含具有代表性的常用墙体和屋顶结构传热 Z 传递系数(CTF)的数据库,在已知室外气象参数条件下,调用数据库并对 CTF 值进行简单修正就可以近似计算出因外围护结构非稳定传热引起的室内逐时得热量。

CTF 可以将当前的导热热流表示为当前的表面温度和先前时刻的表面温度和导热热流的关系式。墙体内表面的导热热流可表示为

$$q''_{ki}(t) = -c_0 T_{i,t} - \sum_{j=1}^{nz} c_j T_{i,t-j\delta} + b_0 T_{o,t} + \sum_{j=1}^{nz} b_j T_{o,t-j\delta} + \sum_{j=1}^{np} d_j q''_{ki,t-j\delta}$$
(2.13)

外表面可表示为

$$q''_{ko}(t) = -b_0 T_{i,t} - \sum_{j=1}^{nz} b_j T_{i,t-j\delta} + a_0 T_{o,t} + \sum_{j=1}^{nz} a_j T_{o,t-j\delta} + \sum_{j=1}^{nq} d_j q''_{ko,t-j\delta}$$
(2.14)

式中,$a_j(j=0,1,\cdots,nz)$ 为外表面 CTF;

$b_j(j=0,1,\cdots,nz)$ 为导热 CTF;

$c_j(j=0,1,\cdots,nz)$ 为内表面 CTF;

$d_j(j=0,1,\cdots,nq)$ 为热流 CTF;

T_i 为内表面温度;

T_o 为外表面温度;

q''_{ko} 为外表面的导热热流;

q''_{ki} 为内表面的导热热流。

公式中变量的下标,逗号后为时刻,时间步长为 δ。CTF 的项数 nz 和 nq,取决于墙体构造,也取决于计算 CTF 的方法。如果 $nq=0$,则 CTF 就是指反应系数,而理论上 nz 为无穷大。然而 nz 和 nq 的取值要尽量减少计算量。

(3) 外墙内表面热平衡方程

外墙内表面的热平衡方程为

$$q_{LWX} + q_{SW} + q_{LWS} + q_k + q_{sol} + q_{conv} = 0 \qquad (2.15)$$

式中,q_{LWX} 为热区各表面的净长波辐射热流,单位为 kW;

q_{SW} 为照明灯具的净短波辐射热流,单位为 kW;

q_{LWS} 为热区内的设备的长波辐射热流,单位为 kW;

q_k 为通过墙体的导热,单位为 kW;

q_{sol} 为被各表面吸收的太阳辐射透射,单位为 kW;

q_{conv} 为与房间空气的对流换热热流,单位为 kW。

对于各个表面之间的长波辐射,有两种简化模拟的方法:① 房间空气对于长波辐射完全透明;② 房间空气完全吸收各个表面的长波辐射。如果采用第一种方法,房间空气不参加各个表面之间的长波辐射热交换过程;第二种则假设长波辐射全部被空气吸收,也就可以将表面与表面间的辐射换热进行完全解耦。但第二种方法的计算精度不如第一种。

家具能够增加室内表面的面积,也能增加房间内的蓄热体。将因家具增加的表面积和蓄热体纳入室内辐射和对流热交换过程,则能够更为真实地模拟房间的

热过程。照明灯具的短波辐射被假设为在热区各个表面上均匀分配,设备的长波辐射被分解为辐射和对流两部分进行计算。

在计算透射太阳辐射时,采用太阳辐射得热因数(solar heat gain coefficient, SHGC)优于采用遮阳系数(shading coefficient, SC),因 SHGC 包含了透射太阳辐射部分和太阳辐射被玻璃吸收再散失到室内的热流部分。

(4) 房间空气热平衡

房间热平衡方程中,忽略房间比容,假设每个时间步长达到准稳态热平衡:

$$q_{conv} + q_{CE} + q_{IV} + q_{sys} = 0 \tag{2.16}$$

式中,q_{conv} 为各表面的对流换热热流,单位为 kW;

q_{CE} 为室内负荷的对流部分,单位为 kW;

q_{IV} 为渗透和通风气流的显热得热,单位为 kW;

q_{sys} 为空调系统的热交换热流,单位为 kW。

(5) 负荷计算的热区

图 2.6 所示为一个通用的热区,由四面墙、一个屋顶或吊顶、一个地板和一个蓄热表面组成。每面墙和屋顶又包含一面窗或一个天窗(屋顶),这样一共有 12 个表面,任何一个表面都有可能面积为零。

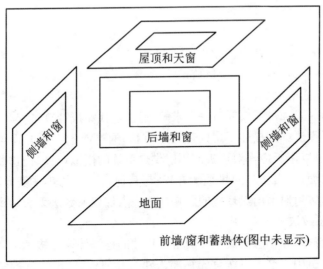

图 2.6 热区示意图

这个热区的热平衡过程可以表达为 24 h 周期性的过程,变量为 12 个表面的内外表面的温度和用来维持设定的室内温度的空调系统的供能量,或者当空调系统的容量给定时空气的温度。这样就总共有 25×24＝600 个变量,而这些变量的求解是逐时迭代完成的。将式(2.12)和式(2.14)联立求解,可以得到外表面温度 $T_{so_{i,j}}$(下标 i 为表面,$i=1,2,\cdots,12$;下标 j 为小时,$j=1,2,\cdots,24$):

$$T_{so_{i,j}} = \frac{\sum_{k=1}^{nz} T_{si_{i,j-k}} b_{i,k} - \sum_{k=1}^{nz} T_{so_{i,j-k}} c_{i,k}}{c_{i,0} + h_{co_{i,j}}}$$

$$- \frac{\sum_{k=1}^{nq} q''_{ko_{i,j-k}} + q''_{cool_{i,j}} + q''_{LWR_{i,j}} + T_{si_{i,j}} b_{i,0} + T_{o_j} h_{co_{i,j}}}{c_{i,0} + h_{co_{i,j}}} \quad (2.17)$$

式中，T_o 为室外空气温度；

h_{co} 为外表面对流换热系数，由 $q''_{conv} = h_{co}(T_o - T_{so})$ 计算代入。

将式(2.13)和式(2.15)联立求解，可以得到内表面温度 $T_{si_{i,j}}$：

$$T_{si_{i,j}} = \frac{T_{so_{i,j}} b_{i,0} + \sum_{k=1}^{nz} T_{so_{i,j=k}} b_{i,k} - \sum_{k=1}^{nz} T_{si_{i,j=k}} c_{i,k}}{c_{i,0} + h_{ci_{i,j}}}$$

$$+ \frac{\sum_{k=1}^{nq} d_k q''_{ki_{i,j-k}} + T_{a_j} h_{ci_j} + q''_{LWS} + q''_{LWX} + q''_{SW} + q''_{zol}}{c_{i,0} + h_{ci_{i,j}}} \quad (2.18)$$

式中，T_a 为热区内空气温度；

h_{ci} 为内表面对流换热系数，由 $q''_{conv} = h_{ci}(T_a - T_{si})$ 计算代入。

最后可以求得热区的冷负荷：

$$q_{sys,j} = \sum_{i=1}^{12} A_i (T_{sb,j} - T_{a_j}) + q_{CE} + q_{IV} \quad (2.19)$$

式中，$q_{sys,j}(j=1,2,\cdots,24)$ 为冷负荷；

A_i 为各表面的面积。

式(2.17)~式(2.19)要同时联立求解，通过迭代完成计算过程。

由于热平衡法详细描述了房间热传递过程，通过能量守恒方程可以计算瞬时负荷，因此也可以用于冷辐射顶板或辐射供热系统的模拟计算，把这些辐射源当作室内的一个表面，列出相应的热平衡方程，与其他内表面的热平衡方程联立求解，可以准确计算辐射对室内热环境的影响。这一点加权系数法无法做到。

2. 加权系数法

加权系数法是介于忽略建筑体的蓄热特性的稳态计算方法和动态的热平衡方法之间的一个折中。这种方法首先在输入建筑几何模型、天气参数和内部负荷后计算出在某一给定的房间温度下的得热，然后在已知空调系统的特性参数之后由房间得热，计算房间温度和除热量。这种方法是由 Z 传递函数法推导得来的，有两组权系数：得热权系数和空气温度权系数。得热权系数是用来表示得热转化为负荷的关系的，由总的得热量中对流部分与辐射部分的比例以及辐射得热量在各个表面的分配比例决定；空气温度权系数是用来表示房间温度与负荷之间的关系的。

加权系数法采用两步计算法计算房间温度和除热量：

第一步,假设房间温度固定在设定值上,计算瞬时得热量,包括外墙传热得热、窗户的太阳辐射得热、室内热源(人员、照明和设备)的得热等。然后计算在固定房间温度条件下的由各类得热量引起的除热量或冷负荷。这一步计算的冷负荷与瞬时得热不同处在于,瞬时得热中部分被各个壁面和家具吸收,再慢慢释放到空气中。θ 时刻的冷负荷 Q_θ 可以表示为当前和先前时刻的瞬时得热 (q_θ, $q_{\theta-1}$, …)、先前时刻的冷负荷 ($Q_{\theta-1}$, $Q_{\theta-2}$, …)以及得热权系数的关系式:

$$Q_\theta = v_0 q_\theta + v_1 q_{\theta-1} + \cdots - w_1 Q_{\theta-1} - w_2 Q_{\theta-2} - \cdots \quad (2.21)$$

不同热源得热中对流部分和辐射部分的比例不同,辐射得热在各个表面的分配比例不同,得热权系数也会不同;不同的房间结构会使其吸收并逐步释放的得热量不同,因此权系数也不同。在第一步计算中,所有得热转化的负荷相加得到房间的总冷负荷。

第二步,总冷负荷被用来计算实际的除热量和房间温度。除热量与冷负荷不同,因为实际上房间空气温度是在变化的,而且空调系统的特性也各不相同。因此 t 时刻的房间空气温度可以用下式计算:

$$t_\theta = 1/g_0 + [(Q_\theta - ER_\theta) + p_1(Q_{\theta-1} - ER_{\theta-1}) \\ + p_2(Q_{\theta-2} - ER_{\theta-2}) + \cdots - g_1 t_{\theta-1} - g_2 t_{\theta-2} - \cdots] \quad (2.22)$$

式中,ER_θ 为空调系统在时刻 θ 的除热量;g_0, g_1, g_2, …, p_1, p_2, … 为房间空气温度权系数。

表 2.1 列出了典型的轻型、中型和重型结构的房间的权系数。有些模拟软件能够自动计算建筑和房间的权系数,这样可以提高计算精度。

表 2.1 典型房间结构的权系数

围护结构	g_0 [W/(m²·K)]	g_1 [W/(m²·K)]	g_2 [W/(m²·K)]	p_1	p_2
轻型	+9.54	-9.82	+0.28	1.0	-0.82
中型	+10.28	-10.73	+0.45	1.0	-0.87
重型	+10.50	-11.07	+0.57	1.0	-0.93

加权系数法有两个假设:

(1) 模拟的传热过程为线性。这个假设非常有必要,因为这样可以分别计算不同建筑构件的得热,然后相加得到总得热。因此,某些非线性的过程如辐射和自然对流就必须被假设为线性过程。

(2) 影响权系数的系统参数均为定值,与时间无关。这个假设的必要性在于可以使得整个模拟过程仅采用一组权系数。

这两点假设在一定程度上削弱了模拟结果的准确性,尤其是在主要的房间传热过程随时间变化的情况。加权系数法中采用综合辐射/对流换热系数作为房间内表面的换热系数,并假设该系数保持不变。但在实际房间中,某个表面的辐射换热量取决于其他各个表面的温度,而不是房间温度,综合辐射/对流换热系数并不是一个常数。在这种情况下,只能采用平均值来确定权系数。这也是加权系数法不能准确计算辐射供冷供热系统的原因。

3. 热网络法

热网络法是将建筑系统分解为一个由很多节点构成的网络,节点之间的连接是能量的交换。热网络法可以被看作是更为精确的热平衡法。热平衡法中房间空气只是一个节点,而热网络法中可以是多个节点;热平衡法中每个传热部件(墙、屋顶、地板等)只能有一个外表面节点和一个内表面节点,热网络法则可以有多个节点;热平衡法对于照明的模拟较为简单,热网络法则对光源、灯具和整流器分别进行详细模拟。但是热网络法在计算节点温度和节点之间的传热(包括导热、对流和辐射)时还是基于热平衡法。在三种方法中,热网络法是最为灵活和最为准确的方法,然而,这也意味着它需要最多的计算机时,并且使用者需要投入更多的时间和努力来实现它的灵活性。

2.2.3 系统部件模型

系统部件包括所有的集中冷热源设备与建筑热区之间的空调系统部件,通常包括空气处理机组、空气输配系统与管道、风阀、风机,以及对空气进行加热、冷却、加湿、去湿的设备等。也包括集中冷热源设备与热区、空调箱之间的液态。

流体(水、制冷剂)输配系统,大致可以分为两类:① 输配设备,包括水泵/风机、水管/风管、水阀/风阀、集管/静压箱、配件等;② 传热传质设备,如加热盘管、冷却去湿盘管,水-水热交换器、空气热交换器、蒸发冷却器、蒸汽加湿器等。

1. 输配设备——风机、泵

风机和泵输送流体所消耗的电能取决于流体的流量和阻力,后者与输送管系的配置、阀门、配件等有关。在能耗模拟软件中风机和水泵的特性采用部分负荷性能曲线表达,性能曲线的形状因风机调节风量和压头的方式不同而不同。图 2.7 为三种典型的风机控制方式的部分负荷曲线。

在模拟软件中,用多项式回归方程来表示这些曲线:

$$\text{PIR} = \frac{W}{W_{\text{full}}} = f_{\text{PIR}}\left(\frac{Q}{Q_{\text{full}}}\right) \tag{2.22}$$

式中,PIR 为输入功率比;

W 为部分负荷下的风机功率,单位为 W;

W_{full} 为满负荷或设计工况下的风机功率,单位为 W;

Q 为部分负荷下的风机风量,单位为 m^3/h;

Q_{full} 为满负荷或设计工况下的风机风量,单位为 m^3/h;

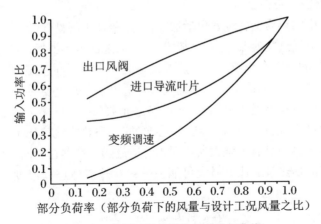

图 2.7 典型风机的部分负荷运行曲线

f_{PIR} 为回归多项式方程。

图 2.8 所示为某实际建筑中监测得到的风机性能曲线,与图 2.7 中的变频调速风机类似,但更接近于线性。

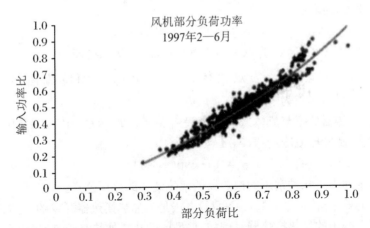

图 2.8 ASHRAE RP.823 项目中的现场风机测试数据与性能曲线

风机在运行过程中也会向输送的空气中散发热量,造成空气温升。水泵对输送的水的温升的作用通常被忽略。风机散失到输送空气中的热量可以用下式计算:

$$q_{\text{fluid}} = [\eta_m + (1 - \eta_m)f_{m,\text{loss}}]W \tag{2.23}$$

式中,q_{fluid} 为散失到输送流体中的热量,单位为 W;

$f_{m,\text{loss}}$ 为电机热量散失到流体中的比例(当风机位于输送气流中时等于 1;当风机位于输送气流外时等于 0);

W 为风机功率,单位为 W;

η_m 为电机效率。

2. 热质交换设备模型

空调系统中的热质交换设备包括加热盘管、冷却去湿盘管(表冷器)、管壳式热交换器、空气-空气热交换器、蒸发冷却器、蒸汽加湿器等。虽然这些设备不直接消耗能源,但它们的性能会影响进入冷热源设备的流体状态,进而影响冷热源设备的能效。因此,这些设备的模型是否准确或者合适也是非常重要的。

热质交换设备模型通常采用效率-传热单元数(ε-NTU)模型。该模型包含三个无量纲参数:热交换器效率 ε、传热单元数 NTU 和热容流率比 C_r。热交换器效率 ε 是实际换热量与具有无限大换热面积的逆流热交换器在相同流体流量和温度下的最大可能的换热量之比。最大可能换热量在热流体进口温度 t_{hl} 和冷流体进口温度 t_{cl} 时可以表示为

$$q_{max} = C_{min}(t_{hl} - t_{cl}) \tag{2.24}$$

式中,C_{min} 为热流体$[C_h = (\dot{m}c_p)_h]$和冷流体热容$[C_c = (\dot{m}c_p)_c]$的小值,单位为 W/K。则实际换热量为

$$q = \varepsilon q_{max} \tag{2.25}$$

对于某种特定的换热器类型,换热器效率 ε 可以表示为传热单元数 NTU 和热容流率比 C_r 的函数:

$$\varepsilon = f(NTU, C_r, 流动形式) \tag{2.26}$$

式中,$NTU = UA/C_{min}$,U 为总平均传热系数,A 为热交换面积;

$C_r = C_{min}/C_{max}$,C_{max} 为热流体$[C_h = (\dot{m}c_p)_h]$和冷流体热容$[C_c = (\dot{m}c_p)_c]$的大值,单位为 W/K。

可见,换热器效率与流体入口温度没有关系。如果 C_r 为零,即其中的一个流体发生相变(蒸发器或冷凝器,$c_p \to \infty$),则

$$\varepsilon = 1 - \exp(-NTU) \tag{2.27}$$

表 2.2 列出了几种常用的换热器的换热效率的计算公式。

以上的效率-传热单元数(ε-NTU)方法是为显热换热器开发的,可以用来计算各种空调系统中的显热换热器。例如,典型的肋片式加热盘管,就可以采用横流的两种流体不混合的换热器形式的公式计算,这种形式也适合于空气-空气热交换器的计算;典型的管壳式换热器根据其构造不同可以采用逆流或顺流形式的计算公式。

在模拟计算换热器换热量时,需要首先确定 UA。可以有两种方法:① 直接计算,根据换热器的材料、构造、几何尺寸计算;② 根据厂家提供的不同工况下的换热器性能参数,计算在给定流体进口温度和换热量下的效率和 UA。后一种方法更实用。

表 2.2 热交换器换热效率的计算公式 (N = NTU)

流动形式分类	换热效率 ε 计算公式	备 注
顺流	$\dfrac{1-\exp[-N(1-C_r)]}{1+C_r}$	—
逆流	$\dfrac{1-\exp[-N(1-C_r)]}{1-C_r\exp[-N(1-C_r)]}$	$c_r\neq 1$
管壳式[单壳流道;两管、四管(或更多)管流流道]	$\dfrac{N}{1+N}$ $\dfrac{2}{1+C_r+\alpha(1+e^{-aN})/(1-e^{-aN})}$	$C_r = 1$ $\alpha = \sqrt{1+C_r^2}$
管壳式[多壳流道,流道数 n;单壳流道内分布两管、四管(或更多)管流流道]	$\left[\left(\dfrac{1-\varepsilon_1 C_r}{1-\varepsilon_1}\right)^n - 1\right]$ $\left[\left(\dfrac{1-\varepsilon_1 C_r}{1-\varepsilon_1}\right)^n - C_r\right]^{-1}$	ε_1 为单壳流道管壳式换热器换热效率
交叉流(单相) 两种流体皆不混合	$1-\exp\left(\dfrac{\gamma N^{0.22}}{C_r}\right)$	$\gamma = \exp(-C_r N^{0.78}) - 1$
交叉流(单相) C_r 值大的流体混合,C_r 值小的流体不混合	$\dfrac{1-\exp(C_r\gamma)}{C_r}$	$\gamma = 1-\exp(-N)$
交叉流(单相) C_r 值大的流体不混合,C_r 值小的流体混合	$1-\exp\left(-\dfrac{\gamma}{C_r}\right)$	$\gamma = 1-\exp(-NC_r)$
交叉流(单相) 两种流体都混合	$\dfrac{N}{N/(1-e^{-N})+C_r N/(1-e^{-NC_r})-1}$	
交叉流(单相) 其他所有 $C_r = 0$ 的换热器	$1-\exp(-N)$	

ε-NTU 也可以用于冷却去湿盘管的计算。在显热盘管中,状态参数是流体温度,热容是流体质量流量与比热的乘积;在冷却去湿盘管中,状态参数为湿空气的焓值,总换热效率 U 经过修正,以反映焓值的变化。图 2.9 所示为典型的冷却去湿盘管换热过程的焓湿图过程。

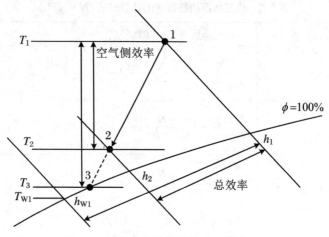

图 2.9 冷却去湿盘管换热过程的焓湿图

冷却去湿盘管有两个效率：空气侧效率和总效率，如图 2.9 所示。这两个效率可以由盘管内侧 UA 和盘管外侧 UA 来确定。前者表示冷冻水与空气通过管壁的换热，后者表示盘管外侧与湿空气的热质交换。可以根据盘管的额定工况下的显热冷量和潜热冷量的数据计算得到。

2.2.4 冷热源设备模型

冷热源设备消耗能源，通过输配系统向建筑供冷和供热。冷热源设备包括冷机、锅炉、冷却塔、热电联产设备、蓄能设备等。冷热源设备是建筑中最主要的耗能设备，因此准确的模拟是非常重要的。

冷热源设备的性能取决于其设计构造、负荷条件、环境条件和控制方式等。例如，冷机的性能由机组的基本设计参数（如热交换面积、压缩机类型与设计）、冷凝器与蒸发器的温度和流量、在不同负荷和工况下的控制方法决定。这些参数一直在变化，因此需要进行逐时计算模拟。

冷热源设备模型有两种：回归模型和物理模型。能耗模拟软件中一般采用前者，即采用由设备制造厂家提供的性能数据分析回归得到的简单的经验公式来表达冷热源设备的运行特性与能耗：

$$P = \text{PIR} \times \text{Load}$$
$$\text{PIR} = \text{PIR}_{\text{nom}} f_1(t_a, t_b, \cdots) f_2(\text{PLR}) \tag{2.28}$$
$$C_{\text{avail}} = C_{\text{nom}} f_3(t_a, t_b, \cdots)$$

$$\text{PLR} = \frac{\text{Load}}{C_{\text{avail}}} \tag{2.29}$$

式中，P 为设备功率，单位为 W；

PIR 为能效比；

PIR_{nom} 为额定满负荷工况下的能效比；

Load 为负荷，单位为 kW；

C_{avail} 为机组制冷/热量，单位为 kW；

C_{nom} 为机组额定（设计）制冷/热量，单位为 kW；

f_1 为非设计工况下的能效比与设计工况下的能效比的关系式；

f_2 为部分负荷工况下的能效比与满负荷工况下的能效比的关系式；

f_3 为非设计工况下的制冷/热量与设计工况下的制冷/热量的关系式；

t_a，t_b 为不同的运行工况参数；

PLR(part load ratio)为部分负荷率。

非设计工况的两个关系式 f_1 和 f_3 由冷热源设备的类型决定。例如，冷水机组的制冷量和能效受蒸发温度和冷凝温度的影响，又是由二次流体的温度决定的，对于直接膨胀式风冷机就是进入蒸发器的空气湿球温度和进入冷凝器的空气干球温度；对于水冷冷水机组，通常采用冷冻水出水温度和冷却水进水温度。

以直接膨胀式组合式屋顶机组为例，其额定工况通常是指在室外空气温度 t_{oa} 为 35 ℃、蒸发器进风干球温度 t_{db} 为 26.7 ℃、湿球温度 t_{wb} 为 19.4 ℃，而非额定工况下的机组性能由 f_1 和 f_3 表示（表 2.3）。

表 2.3 非设计工况下关系中相关系数

相关系数编号	0	1	2	3	4	5
f_1	−1.063931	0.0306584	0.0001269	0.0154213	0.0000497	0.0002096
f_3	0.8740302	0.0011416	0.0001711	−0.002957	0.0000102	0.0000592

$$f_1(t_{wb,ent}, t_{oa}) = a_0 + a_1 t_{wb,ent} + a_2 t_{wb,ent}^2 + a_3 t_{oa} + a_4 t_{oa}^2 + a_5 t_{wb,ent} t_{oa} \tag{2.30}$$

$$f_3(t_{wb,ent}, t_{oa}) = c_0 + c_1 t_{wb,ent} + c_2 t_{wb,ent}^2 + c_3 t_{oa} + c_4 t_{oa}^2 + c_5 t_{wb,ent} t_{oa} \tag{2.31}$$

而反映部分负荷运行性能的关系式 f_2 则很大程度上由机组的控制方法决定，图 2.10 所示为几种不同的部分负荷能效比曲线，曲线 1 表示机组能效恒定，不随负荷变化而变化；曲线 2 表示机组在部分负荷率处于中间位置时能效最高；曲线 3 表示机组在满负荷工况下的能效最高。这样的曲线形式同样适用于冷机和锅炉。

水冷冷水机组的 f_1 和 f_2 为冷冻水（蒸发器）出水温度 $t_{cw,l}$ 和冷却水（冷凝器）进水温度 $t_{cond,e}$ 的关系式为

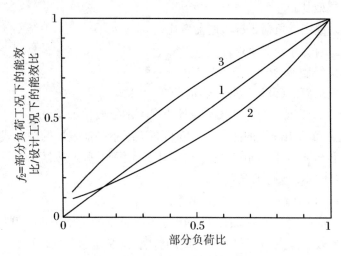

图 2.10 冷热源设备的部分负荷能效比曲线

$$f_1(t_{cw,1}, t_{cond,e}) = a_0 + a_1 t_{cw,1} + a_2 t_{cw,1}^2 + a_3 t_{cond,e} + a_4 t_{cond,e}^2 + a_5 t_{cw,1} t_{cond,e} \tag{2.32}$$

$$f_3(t_{cw,1}, t_{cond,e}) = c_0 + c_1 t_{cw,1} + c_2 t_{cw,1}^2 + c_3 t_{cond,e} + c_4 t_{cond,e}^2 + c_5 t_{cw,1} t_{cond,e} \tag{2.33}$$

更为复杂和精确的热力学第一定律模型也有被采用，以详细模拟某一个设备的性能。与回归模型相比，物理模型具有几点好处：

(1) 可以在已有的数据集之外进行插值计算。

(2) 虽然某些未知的物理参数可能仍然需要通过回归分析获得，这些参数通常具有物理含义，因此可以估计其缺省值，通过检查实际的参数值找出错误。

(3) 未知的参数数量比回归模型少，因此需要更少的测试数据以得出模型。

(4) 冷机和锅炉的部分负荷性能参数较难获得，这是造成回归模型不准确的主要原因。相比而言，物理模型从满负荷工况到部分负荷工况仅需很少的数据就可以得到。

2.2.5 系统模拟方法

在建立了建筑及其系统的各个部件的模型之后，要对整个系统进行建模。图 2.11 所示为系统建模方法。

系统模拟方法有两种：顺序模拟法(sequence modeling)和同时模拟法(simultaneous modeling)。顺序模拟法的计算步骤是顺序分层的，首先计算每个建筑区域的负荷，然后进行空调系统的模拟计算，即计算空气处理机组、风机盘管、新风机组等的能耗量，接着计算冷热源的能耗量，最后根据能源价格计算能耗费用。顺序

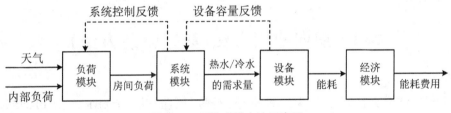

图 2.11　系统建模方法示意图

模拟法是顺序计算每一层,每层之间没有数据反馈,计算步长为 1 h,即假设每小时内空调系统和机组的状态是稳定的。由于没有数据反馈,顺序模拟法无法保证空调系统可以满足负荷要求,在空调系统和设备容量不足时,仅能给出负荷不足的提示,却无法反映系统的真实运行情况。

同时模拟法弥补了顺序模拟法的不足,在每个时间步长、负荷、系统和设备都同时进行模拟,能够保证空调系统满足负荷的要求,因而使得模拟的准确性有很大的提高,但要花费大量的计算机内存和机时。目前随着计算机技术的飞速发展,采用同时模拟法的软件在个人电脑上也可以较快速地运行并得到模拟结果。

2.2.6　系统控制模拟方法

控制系统分不同的层次:高层控制、管理层控制和就地控制。管理层控制包括参数重整和优化控制,会直接影响能耗。就地控制也对能耗有影响,例如,比例房间温度控制将在能耗与舒适性之间进行权衡。大部分的全能耗模拟软件能够模拟管理层控制,而就地控制则需要更专业的基于部件或公式的模拟软件来模拟。

因能耗模拟软件的主要模拟对象是建筑能耗,控制变量(如送风温度)通常被假设控制在设定温度上,除非系统容量不够。而通过模拟可以计算出要保持设定值所需要的容量。如果这个容量超过了系统所能提供的容量,系统所能提供的容量则被用来计算控制变量的实际值。如果仅采用比例控制,控制变量与系统容量的关系式就可以被用来模拟计算。例如,常规的气动房间温度控制器就可以用房间温度与供热/冷量的关系式来表示。送风温度重整控制也可以用室外温度与送风温度的关系式模拟。

对于房间温度的控制往往需要设定死区,即某一个不需要供热也不需要供冷的温度区间。在这个温度区间,房间显热负荷为零。而如果采用比例控制,房间温度随负荷比例上升或下降,当控制容量达到最大时,供冷/热量随送风温度与房间温度之差比例变化。在模拟中需要准确模拟这些过程。

2.3 逆向建模方法(数据驱动方法)

逆向建模方法可以分为三种类型:经验(黑箱)法(empirical or black box approach)、校验模拟法(calibrated simulation approach)和灰箱法(gray box approach)。

2.3.1 经验(黑箱)法

这种方法建立实测能耗与各项影响因子(如天气参数、人员密度等)之间的回归模型。回归模型可以是单纯的统计模型,也可以基于一些基本建筑能耗公式。无论是哪一种,模型的系数都没有(或很少)被赋予物理涵义。这种方法可以在任何时间尺度(逐月、逐日、逐时或更小的时间间隔)上使用。单变量(single variate)、多变量(multi variate)、变点(change point)、傅里叶级数(Fourier series)和人工神经元网络(artificial neural network,ANN)模型都属于这一类型。因其较为简单和直接,这种建模方法是逆向建模方法中应用最多的一种。

1. 稳态模型

稳态模型可用于月、周甚至日数据的处理,并常用于建立基准模型。它不考虑变量的短时瞬变影响,例如由建筑蓄热导致的温度的瞬态变化。常见的用于模拟建筑和设备能耗的稳态模型有以下几种:单变量模型、变平衡点模型、多变量模型、多项式模型等。多项式模型历来被作为统计学模型广泛应用于空调设备模拟,例如水泵、风机、冷水机组等。以下对单变量模型和多变量模型做简要介绍。

(1) 单变量模型

单变量模型是用得最广泛的。它将建筑能耗表示为与某一影响能耗的变量关系式。室外干球温度通常是最重要的回归变量。单变量模型的模型形式包括单参数、双参数、三参数、四参数和五参数模型,如图2.12所示。表2.4给出了几种单变量模型的计算公式。

图2.12(a)单参数模型表示能耗与环境温度无关,始终为定值(b_0)。图2.12(b)双参数模型中b_0为y轴截距,b_1表示斜率,表示能耗随室外干球温度线性上升,适用于全年或者需要供冷或需要供暖的建筑。图2.12(c)表示三参数变(平衡)点模型(用于供热),这里的平衡点即为平衡温度。该模型典型的用途是采用燃气采暖和制取生活热水的独立住宅建筑的燃气消耗量的计算。图2.12(d)表示用于供冷的三参数变(平衡)点模型。图2.12(e)和图2.12(f)分别表示用于供热和供冷的四参数模型。该模型中的四个参数为平衡点(温度)b_3、平衡点上的基准能耗

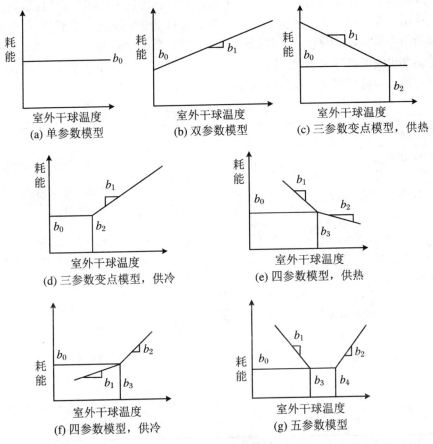

图 2.12 单变量模型

b_0、室外干球温度低于平衡点的回归直线斜率 b_1、室外干球温度高于平衡点的回归直线斜率 b_2。图 2.12(g)五参数模型有两个变平衡点,可以用来估算用电供暖和供冷的建筑的能耗。

单变量稳态模型的优点在于其简单、易于自动回归,在可以获得建筑的逐月能耗数据和逐日平均室外气温的条件下,即可广泛应用于大量建筑的能耗计算中。单变量回归模型用于逐日能耗的计算时也不失准确性,因其可弥补工作日、非工作日和周末的不同而带来的能耗差异,只需在建模时把对应的数据分开处理即可。而在评价建筑节能改造效果中,单变量稳态模型也有较大优势,因为它可以通过把年能耗数据标准化来剔除年与年之间因天气条件不同所产生的影响。对于全年持续供冷或供热的建筑,四参数模型要比三参数模型在统计学意义上有更好的吻合度。然而单变量稳态模型的缺点在于其对于建筑的动态效应(由建筑蓄热造成)和非温度参数(如湿度或日射得热)的不敏感性,以及不适合模拟一些建筑负荷受设备运行时间表影响较大或者有多个变平衡点的建筑。商业建筑通常室内负荷占比较大,有时可能供冷、供热同时进行,其能耗受空调系统形式和控制策略的影响较大。这削弱了商业建筑的能耗受室外干球温度影响的程度。所以,盲目地对商业建筑采用单变量模型进行模拟是不合适的。而对于变平衡点模型而言,通常不用它来预测冷负荷,因为室外空气的湿度对于制冷盘管的潜热负荷有很大影响,能耗除受温度影响以外还与湿度相关。此外,太阳辐射、热惯性和空调系统的 on/off 时间表都会降低变平衡点模型的准确性。

表2.4 单变量模型的计算公式

模拟类型	独立变量	公式	应用
单参数模型	无	$E = b_0$	非天气敏感建筑能耗
双参数模型	室外温度	$E = b_0 + b_1(T)$	始终需要供热或供冷的建筑能耗
三参数模型	度日数	$E = b_0 + b_1(DD_{BT})$	天气敏感的建筑能耗(采用燃气供热及产生生活热水)
	室外温度	$E = b_0 + b_1(b_2 - T)^+$	
	室外温度	$E = b_0 + b_1(T - b_2)^+$	天气敏感的建筑能耗(供冷)
四参数变点模型	室外温度	$E = b_0 + b_1(b_3 - T)^+ - b_2(T + b_3)^+$	商业建筑能耗(供热)
	室外温度	$E = b_0 - b_1(b_3 - T)^+ + b_2(T - b_3)^+$	商业建筑能耗(供冷)
五参数模型	度日数	$E = b_0 - b_1(DD_{TH}) + b_2(DD_{TC})$	采用电供热和供冷的商业建筑能耗
	室外温度	$E = b_0 + b_1(b_3 - T)^+ + b_2(T - b_4)^+$	

注:DD 表示度日数;T 表示逐月的室外日平均干球温度;括号右上角的 + 号表示只有当括号内数值为正时才进行累加。

(2) 多变量模型

多变量模型作为单变量模型的延伸,使用若干易得、可靠的变量对建筑能耗进行模拟,在一定程度上提高了模型的准确性。其函数形式是基于建筑 HVAC 系统和其他系统的工程学原理建立的。多变量模型包括以下两种基本类型:标准多变量线性模型(变平衡点回归模型)、傅里叶级数模型。

多变量线性模型在对数据进行观测时不保留数据的时间序列特性。而傅里叶级数模型保留建筑能耗数据的时间序列特性,并根据建筑的运行周期捕捉以日或季为周期的能耗效据。

对于多变量模型而言,如何进行回归变量的筛选很重要。模型应包含那些不会受建筑改造影响而同时又很可能在改造周期内发生变化的变量(例如气候变量)。还有一些变量,比如运行时间、基础负荷和室内占用率的变化,即便它们不是节能措施的内容,但因为它们可能会在改造后发生变化,因而也应该被纳入模型变量中。多变量线性模型中的变量除了单变量模型中的室外干球温度 T_o 以外,还可包括室内照明和设备负荷 E_{int}、太阳辐射负荷 q_{sol}、室外露点温度 T_{dp} 等。例如商业建筑(定风量空调系统)的建筑能耗可以用下式表示:

$$Q_{bldg} = a + bT_o + eT_{dq}^+ + fq_{sol} + gE_{int} \tag{2.35}$$

多变量模型的变量并非越多越好,应在准确性可以接受的前提下尽量考虑简单的模型。因为多变量模型需要更多的实测数据,若模型变量中的任何一个无法获得时,模型就无法使用。而且,有些回归变量可能线性相关,这种情况称为多重共线性,会使得对回归系数的估计存在不确定性,模型的准确性也会有所下降。

多变量模型在处理以天为时间跨度的数据时有很好的准确性,当以小时为时间跨度时准确性略有下降。这是因为建筑在白天和夜间的运行方式不同,从而对回归变量产生了不同的相关影响。

2. 动态模型

如上所述,稳态模型通常用于处理月数据或日数据,而动态模型则在建筑的热惯性显著影响其得热或热损失的情况下,用于处理小时数据或更小时间步长的数据。动态模型通常需要求解一系列微分方程,较稳态模型而言更为复杂。同时还需要更多的数据对模型进行调整,并要求分析人员对于模拟的建筑或系统设备以及动态模型本身有足够的了解。用于建筑全能耗模拟的动态模型可分为四种类型:热网络法、时间序列法、微分方程法和模态分析法。基于纯统计学方法的动态模型常见的有机械学习模型和人工神经元网络模型。人工神经元网络模型可以用于商业建筑的能耗分析。

2.3.2 校验模拟法

这种方法采用现有的建筑能耗模拟软件(正演模拟法)建立模型,然后调整或校验模型的各项输入参数,使实际建筑能耗与模型的输出结果更好地吻合。用来校验模型的能耗数据可以是逐时的,也可以是逐月的,前者可以获得较为精确的模型。

2.3.3 灰箱法

这种方法需首先建立一个表达建筑和空调系统的物理模型,然后用统计分析方法确定各项物理参数。这种方法需要分析人员具备建立合理的物理模型和估计物理参数的知识和能力。这种方法在故障检测与诊断(fault detection and diagnosis,FDD)和在线控制(online control)方面有很好的应用前景,但在整个建筑的能耗估计上的应用较为有限。

第 3 章 建筑能耗分析基础

能耗分析数据是建筑节能的工作基础,无论是分析节能潜力、制定节能目标、分解和落实节能任务,开展节能量考核,都必须以能耗基础数据为依据。气象数据及热工气候的分区是建筑能耗分析的依据,建筑能耗因建筑所处的不同气候区而异,不同气候区建筑能源消耗差异大。不同建筑环境中人员、设备和照明的得热参数及不同的围护结构的特性参数也是影响建筑能耗的重要因素。

3.1 建筑能耗分析数据基础

3.1.1 气象数据

气象特征具有周期性变化和趋势性变化,较长时间的气象数据才具有一定的统计意义。空气温度是影响供热、供冷负荷的非常主要因素,被作为建筑热工分区的常用变量,但它仅反映了某一地点在一段特定时间内冷、热的程度。度日数法是室外空气温度与舒适温度的差值在一段时间的累积,类似于积分的概念。它是与采暖和空调能耗更为直接相关的参数,通常作为温度的一个替代参数来考虑供热与供冷的需求。采用凝聚层次聚类,以空调度日数(CDD26)和供暖度日数(HDD18)为热工子气候分区的指标。

我国《民用建筑热工设计规范》(GB 50176)一直沿用全国五大气候区(严寒地区、寒冷地区、夏热冬冷地区、夏热冬暖地区及温和地区)的气候划分方案。整个长江流域横跨了其中的严寒地区、寒冷地区、夏热冬冷地区及温和地区共四个气候区。

其中,夏热冬冷地区最冷月平均温度在0~10 ℃,最热月平均温度在25~30 ℃。同时,日平均温度低于5 ℃的日数少于90天/年,日平均温度高于25 ℃的日数在40~110 天/年,具体建筑热工设计一级区划指标及设计原则见表3.1。

表 3.1 建筑热工设计一级区划指标及设计原则

一级区划名称	区划指标		设计原则
	主要指标	辅助指标	
严寒地区 (1)	$t_{\min \cdot m} \leqslant -10\ ℃$	$145 \leqslant d_{\leqslant 5}$	必须充分满足冬季保温要求,一般可以不考虑夏季隔热
寒冷地区 (2)	$-10\ ℃ < t_{\min \cdot m} \leqslant 0\ ℃$	$90 \leqslant d_{\leqslant 5} < 145$	应满足冬季保温要求,部分地区兼顾夏季隔热
夏热冬冷地区 (3)	$0\ ℃ < t_{\min \cdot m} \leqslant 10\ ℃$ $25\ ℃ < t_{\max \cdot m} \leqslant 30\ ℃$	$0 \leqslant d_{\leqslant 5} < 90$ $40 \leqslant d_{\geqslant 25} < 110$	必须满足夏季隔热要求,适当兼顾冬季保温
夏热冬暖地区 (4)	$10\ ℃ < t_{\min \cdot m}$ $25\ ℃ < t_{\max \cdot m} \leqslant 29\ ℃$	$100 \leqslant d_{\geqslant 25} < 200$	必须充分满足夏季隔热要求,一般可不考虑冬季保温
温和地区 (5)	$0\ ℃ < t_{\min \cdot m} \leqslant 13\ ℃$ $18\ ℃ < t_{\max \cdot m} \leqslant 25\ ℃$	$0 \leqslant d_{\leqslant 5} < 90$	部分地区应考虑冬季保温,一般可不考虑夏季隔热

我国于 2016 年基于"大区不动、细分子区"的调整原则,利用采暖度日数(HDD18,以 18 ℃ 为采暖基准度)和空调度日数(CDD26,以 26 ℃ 为供冷的基准温度),进一步对国家标准 GB 50176—93 进行了修订,颁布了《民用建筑热工设计规范》(GB 50176—2016),提出了二级区划方案。具体见表 3.2。

详细的逐时能耗模拟需要采用逐时天气参数。由于天气参数逐年变化,通常采用能够代表某地区或城市长期气象条件的逐时气象数据文件——典型年,作为建筑全年能耗模拟计算的天气输入条件。

1. 典型气象年数据组成

典型气象年(typical meteorological year,TMY)的基本生成方法由美国 Sandia 国家实验室于 1978 年提出,它由 12 个具有气候代表性的典型月(TMM)组成一个"假想"气象年。典型月的选择需要考虑各气象要素在热环境分析中所占的权重,选取最接近历史时间段(一般取 30 年)平均值的月份。被分析的气象要素是干球温度、露点温度、风速和水平面总辐射,具体分析方法为 Finkelstein-Schafer 统计方法,即通过对比所选月份的逐年累积分布函数与长期(30 年)的累积分布函数的接近程度来确定。

表 3.2　建筑热工设计二级区划指标及设计要求

二级区划名称	区划指标		设计要求
严寒 A 区(1A)	6000≤HDD18		冬季保温要求极高,必须满足保温设计要求,不考虑隔热设计
严寒 B 区(1B)	5000≤HDD18<6000		冬季保温要求非常高,必须满足保温设计要求,不考虑隔热设计
严寒 C 区(1C)	3800≤HDD18<5000		必须满足保温设计要求,可不考虑隔热设计
寒冷 A 区(2A)	2000≤HDD18<3800	CDD26≤90	应满足保温设计要求,可不考虑隔热设计
寒冷 B 区(2B)		CDD26>90	应满足保温设计要求,宜满足隔热设计要求,兼顾自然通风、遮阳设计
夏热冬冷 A 区(3A)	1200≤HDD18<2000		应满足保温、隔热设计要求,重视自然通风、遮阳设计
夏热冬冷 B 区(3B)	700≤HDD18<1200		应满足隔热、保温设计要求,强调自然通风、遮阳设计
夏热冬暖 A 区(4A)	500≤HDD18<700		应满足隔热设计要求,宜满足保温设计要求,强调自然通风、遮阳设计
夏热冬暖 B 区(4B)	HDD18<500		应满足隔热设计要求,可不考虑保温设计,强调自然通风、遮阳设计
温和 A 区(5A)	CDD26<10	700≤HDD18<2000	应满足冬季保温设计要求,可不考虑防热设计
温和 B 区(5B)		HDD18<700	宜满足冬季保温设计要求,可不考虑隔热设计

TMY 中包含多个天气参数,如 EnergyPlus 使用的 EPW 格式天气参数文件中共有 26 个气象参数,包括干球温度、露点温度、相对湿度、大气压力、太阳辐射(总辐射、水平面总辐射、直射辐射和散射辐射)、光照度、风速、风向、云量、可见度、降水和降雪等参数。而 DOE-2 计算所用的 BIN 文件,只包含了上述的 14 个主要参数,分别是干球温度、湿球温度、大气压力、云量、降雨、降雪、风向、空气含湿量、空气密度、空气焓值、太阳总辐射、直射辐射、云类型和风速。

2. 气象文件类型

目前建筑模拟中采用的典型年气象文件类型主要有典型气象年 TMY、参考年

(test reference year，TRY)、能耗计算气象年(weather year for energy calculations，WYEC)。

TMY 是建筑能耗模拟软件中使用较多的气象输入参数文件类型，国际上多个机构使用 TMY 生成方法生成了不同版本的 TMY 文件，用于 EnergyPlus 的天气参数来源于各国达 20 多个研究项目。中国城市的 TMY 文件有 IWEC (international weather year for energy calculation)、CSWD(Chinese standard weather data)、SWERA(solar and wind energy resource assessment)和 CTYW (Chinese typical year weather)这四个版本，其中 IWEC 是 ASHRAE 和 NCDC (美国国家气候数据中心，national climatic data center)利用 DATSAV 3 数据库生成的除美国和加拿大之外的 227 个城市的典型气象参数文件，历史数据年份跨度是 1982—1999 年；CSWD 是清华大学基于中国气象局收集的中国 270 个地面气象台站 1971—2003 年的实测气象数据开发的中国建筑热环境分析专用气象数据集，包括了设计用室外气象参数、TMY 全年逐时数据，还针对常规空调、供暖和太阳能环境控制系统提供了 5 套代表性的设计典型年逐时数据。温度极高年、温度极低年、焓值极高年、辐射极高年和辐射极低年；SWERA 是由联合国环境规划署支持的资源评估项目针对包括中国在内的 14 个发展中国家进行太阳能和风能资源评估，开发了 156 个城市的逐时典型年数据；CTYW 是由日本筑波大学张晴原教授与 LNBL 的 Joe Huang 基于美国 NCDC 资料库里我国 57 个台站 1982—1997 年的气象数据建立的中国建筑用标准气象数据库。

EnergyPlus 使用的天气参数格式是 EPW 文件，DOE-2 和 eQuest 使用的是 BIN 文件，TRANSYS 使用的是 TM2 文件。在 http://doe2.com 网站可下载天气参数转换工具 eQ_WthProc，安装后可将 EPW 文件转化成 BIN 文件。

TRY 在英国应用较多，同样是从历史气象数据中选取 12 个月作为参考月构成 TRY，然而与 TMY 不同的是选取月平均干球温度最接近该时间段平均干球温度的月份作为参考月，因此 TRY 可以理解为"平均年"，基准年 TRY 主要用于计算 HVAC 系统的用能情况。

能耗计算气象年 WYEC 月份选择方法参照基准年 TRY，区别在于选择依据中增加了太阳辐射。WYEC2W 和 WYEC2T 文件是由不同的太阳辐射计算方法得到的。ASHRAE 从 1990 年开始更新 WYEC 数据集，最新的 WYEC 数据集与 TMY 格式相同，并包含了逐时光照度参数。

3. 基本气象数据文件(realtime weather data)

为了更准确地模拟建筑能耗，可以采用实时气象参数文件，基本气象参数见表 3.3。可以通过在建筑附近安装固定或者移动的气象站实时记录气象数据，再将其整理为不同模拟软件要求的格式。也有一些网站提供实时气象数据下载。全球各站台的实时气象数据可以在美国能源部能源效率与可再生能源办公室(EERE)网站(http://appsl.eere.energy.gov/buildings/energy.Plus/)上下载，多数站台资

表 3.3 基本气象参数

参　数	说　明
干球温度（℃） (dry-bulb temperature)	指暴露于空气中而又不受太阳直接照射的干球温度表上所读取的数值。用于围护结构传热计算、室内外通风计算等与室外空气温度有关的计算
含湿量（g/kg・干空气） (humidity ratio)	湿空气中与 1 kg 干空气同时并存的水蒸气的质量。用于室内空气湿度计算、空气处理过程计算等与室外空气湿度相关的计算
水平面总辐射（W/m^2） (the level of total radiation)	地球表面某一观测点水平面上接收太阳的直射辐射与太阳散射辐射的总和。主要用于建筑物的围护结构内外表面的太阳辐射得热计算
水平面散射辐射（W/m^2） (horizontal diffuse radiation)	太阳辐射遇到大气中的气体分子、尘埃等产生散射，以漫射形式到达地球表面的辐射能。主要用于建筑物的围护结构内外表面的太阳辐射得热计算，间接用于（根据总辐射值和散射辐射值确定直射辐射大小）建筑物围护结构的内外表面的阴影计算（遮阳和日照分析等）
地表温度（℃） (surface temperature)	太阳的热能被辐射到达地面后，一部分被反射，一部分被地面吸收，使地面增热，对地面的温度进行测量后得到的温度就是地表温度。用于楼地、地下建筑物等涉及土壤传热的相关计算
天空有效温度（K） (sky temperature)	天空有效温度是大气水汽含量、云量（或日照百分率）、气温及地表温度的函数。用于计算建筑物围护结构表面与天空的长波辐射换热
风速（m/s） (wind speed)	用于建筑物的室外风环境和自然通风计算
风向 (wind direction)	用于建筑物的室外风环境和自然通风计算
大气压力（Pa） (atmospheric pressure)	用于不同气象要素之间的换算

料里包含干球温度、露点温度、风速/风向、大气压力、能见度、云量和雨雪信息，该数据库中为原始观测数据，存储时大部分时间数据会自动由格林尼治标准时间（GMT）自动转换成当地标准时间（LST），数据信息未经任何统计处理和修正，存在缺失。另外，中国气象科学数据共享服务网（http://cdc.cma.gov.cn）收集了我

国主要城市站点的实时日降水数据分析和近三日地面气象观测数据,地面数据包括时间步长为 6 h 的气压、气温、云量和风速数据及其日平均值。

3.1.2 室内得热基础参数

通常模拟软件都把室内得热分为人员、照明、设备三种类型得热。人员的产热和散湿都将成为建筑物的空调负荷,不同软件对人员产热、散湿的描述方式基本一致,通常通过定义单个人员的散热量、散湿量以及建筑空间中的人员数量来确定总的人员产热和产湿量。有的软件的室内产热描述较为细致,会在程序中考虑人员散湿量随着房间温度的变化。对于灯光散热,通常是采用照明功率密度进行描述,该参数既可用于室内得热计算(考虑电热转换效率之后),也可用于照明能耗计算。室内设备的描述通常也分散热和散湿两部分,散热部分通常也采用功率密度的方式描述。人员、照明、设备等室内得热的描述参数及其含义,见表 3.4。

表 3.4 室内得热参数的说明

参　　数	说　　明
人员密度(m^2/人) (personnel density)	指房间的面积与房间中人数之比。用于室内人员得热量和散湿量的计算
人员散热量(W) (heat gain from occupant)	单位人员在单位时间内的产热量,用于室内人员得热量计算
人员散湿量(g/h) (moisture gain from occupant)	单位人员在单位时间内的产湿量,用于室内人员散湿量计算
照明功率密度(W/m^2) (lighting power density)	指房间的照明功率与房间面积之比。用于室内照明得热的计算和建筑照明能耗的计算
电热转换效率 (electrothermal)	照明功率转换为热量的比例,用于室内照明得热的计算
设备功率密度(W/m^2) (device power density)	指设备的总耗电功率与房间面积之比。用于室内设备得热的计算和建筑设备能耗的计算
设备散湿量(g/h) (moisture gain from appliance equipment)	通常采用单位面积下的设备在单位时间内的散湿量进行描述,用于室内设备散湿量的计算

3.1.3 围护结构特性参数

1. 不透明围护结构

建筑能耗模拟需要对外墙、内墙、屋顶、楼地和楼板等不透明围护结构进行动态热过程模拟，不同软件对不透明围护结构的模拟方法略有不同，因此在描述其传热、换热特性时所采用的参数也不完全相同，下面以 DeST 采用的特性参数为例，说明不同参数在计算中反映的内容，如表 3.5 所示。

表 3.5 不透明维护结构的特性参数说明

参 数	说 明
导热系数[W/(m·K)]（thermal conductivity）	稳态条件下，1 m 厚物体，两侧表面温差为 1 ℃，1 h 内通过 1 m² 面积传递的能量，数值上等于热流密度除以负温度梯度，是表征物质热传导性质的物理量。该系数与材料的厚度无关，用于建筑围护结构传热的计算
密度(kg/m³)（density）	物质的质量和其体积的比值，用于建筑围护结构传热的计算
定压比热[J/(kg·K)]（specific heat at constant pressure）	在压强不变的情况下，单位质量的某种物质温度升高 1 ℃ 所需吸收的热量，用于建筑围护结构传热的计算
蓄热系数[W/(m²·K)]（heat storage coefficient）	用表面上的热流波幅与表面波幅之比表示材料蓄热能力的大小，用于建筑围护结构传热的计算
蒸汽渗透系数[g/(m·h·mmHg)]（steam permeability coefficient）	单位时间内通过单位面积渗透的水蒸气量，用于围护结构吸湿、放湿计算
对流换热系数（the convective heat transfer coefficient）	空气与不透明围护结构壁面之间的温差为 1 ℃ 时，单位时间内通过对流传热交换的热量，用于计算不透明围护结构表面与室内外空气的对流换热
表面黑度（surface emissivity）	即物体的发射率，物体表面的黑度与物体的性质、表面状况和温度等因素有关，是物体本身的固有特性，与外界环境情况无关。用于不透明围护结构获得的通过透明围护结构的太阳辐射热的计算，以及不透明围护结构表面之间、与其他环境表面之间的长波辐射换热的计算
表面吸收率（surface absorption coefficient）	投射到围护结构表面上而被吸收的太阳辐射与投射到围护结构上的总太阳辐射之比值，用于计算围护结构吸收的太阳辐射热量

2. 透明围护结构

透明围护结构除了需要描述其传热特性,还需要描述透光特性。不同模拟软件可以支持不同的描述方式,而不同的描述方式往往对应不同的特性模型。通常透明围护结构的特性模型可以大致分为两类:简化模型和详细模型。其采用的参数如表3.6所示,各参数含义如表3.7和表3.8所示。

表3.6 透明围护结构所描述参数

描述对象	传热对象	详细模型参数
传热计算	传热系数 K/U	导热系数[W/(m·K)] 密度(kg/m³) 定压比热[J/(kg·K)] 蓄热系数[W/(m²·K)]
透光计算	SC/SHGC 消光系数(1/mm) 折射指数 太阳能透过率 太阳能反射率 可见光透过率 可见光反射率	消光系数(1/mm) 折射率 发射率 厚度(mm)

表3.7 传热计算中各参数定义

传热计算模拟参数	说 明
传热系数 K/U	传热系数 K 值,是指在稳定传热条件下,围护结构两侧空气温差为1℃,1 h内通过1 m² 面积传递的热量,单位是W/(m²·K)。对于透明围护结构,传热系数往往是针对整个透过体系的特性参数
导热系数[W/(m·K)]	对于透明围护结构,指每层玻璃的导热系数、玻璃间空气层的导热系数
密度(kg/m²)	对于透明围护结构,指每层玻璃的密度、玻璃间空气的密度
定压比热[J/(kg·K)]	对于透明围护结构,指每层玻璃的定压比热、玻璃间空气的定压比热
蓄热系数[W/(m²·K)]	对于透明围护结构,指每层玻璃的蓄热系数、玻璃间空气的蓄热系数

表 3.8 透光计算中各参数含义

透光计算模型参数	概念
遮阳系数 SC	实际太阳得热量与通过厚度为 3 mm 厚的标准玻璃的太阳得热量的比值,该参数也是描述透过体系整体透过特性的参数
太阳能得热系数 SHGC	指通过透明围护结构成为室内得热量的太阳辐射与投射到透明围护结构上的太阳辐射的比值,成为室内得热量的太阳辐射包括两部分,一部分是直接透过透明围护结构进入室内的太阳辐射热,另一部分是透明围护结构吸收太阳辐射热后,再经传热进入室内的热量
太阳能透过率 (solar transmittance)	在太阳光谱(300~2500 nm)范围内,紫外光、可见光和近红外光能量透过玻璃的百分比
太阳能反射率 (solar reflectance)	在太阳光谱(300~2500 nm)范围内,紫外光、可见光和近红外光能量被玻璃反射的百分比
可见光透过率 (visible light transmittance)	在可见光谱(380~780 nm)范围内,玻璃透过的光强度的百分比
可见光反射率 (visible light reflectance)	在可见光谱(380~780 nm)范围内,玻璃反射的光强度的百分比
消光系数(1/mm) (coefficient of light extinction)	指被测介质对太阳光的吸收大小值。对于透明围护结构,通常会用到玻璃层、玻璃间空气层、镀膜层等介质层的消光系数
折射率 (the refraction coefficient)	光在真空中的速度与光在被测介质中的速度之比,折射率越高,介质使光发生折射的能力越强。对于透明围护结构,通常指玻璃层、玻璃间空气层、镀膜层等介质层的折射率
发射率 (emissivity)	物体的辐射能力与相同温度下黑体的辐射能力之比,对于透明围护结构,会用到玻璃层、玻璃间空气层、镀膜层等介质层的发射率

3.1.4 空调设备特性基本参数

设备的性能模型用于描述设备在不同的工作状态下的消耗和产出。空调设备的特性一方面影响空调供暖效果,一方面影响设备的最终能耗。不同的能耗模拟软件对空调设备特性的描述方式与其内置的设备模型密切相关。对于设备能耗计算来说,设备的额定性能参数是对设备特性描述的最基本要求,如果模拟软件的设备模型考虑了设备在不同工作条件下的性能变化,那对设备特性的描述就不仅包括额定性能参数,通常会采用设备性能曲线的散点数据进行性能函数的拟合,以适应实际计算中对不同工作条件下设备性能的需求,如表3.9所示。

表3.9 设备性能模型相关部分的说明

设备性能模拟和能耗模拟的各组成部分	含义	举例
输入外界影响参数	主要指影响设备工作条件的各种影响参数	冷机:冷冻水进水温度和流量、冷却水进水温度和流量,冷冻水出水温度要求(或冷机的制冷量要求) 冷却塔:冷却水进水温度和流量,冷却塔风机的风量、空气湿球温度 水泵:转速或工作频率,水量、扬程 空调箱表冷器:冷水进水温度和流量,进口风温、含湿量和风量
输入设备的控制调节方式和参数要求	指各种设备的可调节特性的调节方式,以及调节参数的要求,用于确定设备的调节状态	冷机:冷冻水出水温度设定值,开关状态 冷却塔:冷却水出水温度设定值,水阀开关状态,风机开关状态 水泵:压差控制设定值,水泵开关状态 空调箱表冷器:出口风温设定值,水阀开关状态,风机开关状态
设备性能模型及其模型参数	指各种设备的可调节特性的调节方式,以及调节参数的要求,用于确定设备的调节状态	冷机:不同工作条件下的COP性能曲线或基于散点数据拟合的COP性能函数及其中拟合参数;或基于冷机物理模型辅以经验参数修正的模型 冷却塔:不同工作条件下的冷却塔换热性能曲线或基于散点数据拟合的换热函数及其中拟合参数;或基于冷却塔物理模型辅以经验参数修正的模型 水泵:不同工作频率下的流量压头曲线/流量效率曲线或基于散点数据拟合的流量压头/流量效率函数及其中拟合参数 空调箱表冷器:不同风、水进口状态下的表冷器换热性能曲线或基于散点数据拟合的换热性能函数及其中拟合参数;或基于表冷器物理模型辅以经验参数的模型,如基于换热器设计计算方法的模型及其参数(如表冷器传热系数计算公式及其系数、换热面积、迎风面积、通水断面积等)

设备性能模拟和能耗模拟的各组成部分	含 义	举 例
输出设备状态参数和能耗	指通过设备模型计算出的设备运行状态、能耗	冷机:计算条件下的 COP、冷机能耗 冷却塔:计算条件下的冷却塔换热量、冷却水出水温度、风机能耗 水泵:计算条件下流量、扬程、效率、能耗 空调箱表冷器:计算条件下出风温湿度、出水温度、换热量

表3.9所列举的设备模型及参数,可以用于较为详细的设备性能和能耗分析,对于粗略的能耗估算而言,设备的额定性能参数即可作为计算的基本依据,表3.10列举了常见的暖通空调系统设备额定参数概念。

表3.10 常见的暖通空调设备额定参数概念

额定参数	说 明
额定制冷量(kW) (rated cooling capacity)	额定工况下,制冷机组的制冷量
额定COP/制冷系数 (rated cooling COP)	额定工况下,制冷机组单位功耗产出的制冷量
额定制热量(kW) (rated heating capacity)	额定工况下,制热机组的制热量
额定制热系数 (rated heating COP)	额定工况下,制热机组单位功耗产出的制热量
额定流量(m^3/h) (rated water flow rate)	额定工况下,单位时间内通过设备的水流量
额定扬程(mH_2O) (rated head of pump)	额定工况下,单位重量流体经水泵所获得的能量
额定效率 (rated efficiency)	额定工况下,设备的输出功率与输入功率的比值
额定功率(kW) (rated power)	额定工况下,动力设备(水泵、风机等)的输出功率或消耗能量的设备(冷机、热泵等)的输入功率

续表

额定参数	说　　明
额定换热量 (rated exchanged heat)	额定工况下,换热设备(如冷却塔、表冷器、散热器等)的换热量
额定风量(m^3/h) (rated airflow rate)	额定工况下,单位时间内通过设备的空气流量

3.1.5　能量相关变量三类参数

在能耗模拟过程中,涉及许多与能量相关的变量,用于界定不同的能耗分析对象,下面分冷热量相关变量、能耗相关变量、能效指标三类参数进行介绍,如表3.11至表3.13所示。

表3.11　常见的暖通空调系统冷热量变量含义

参　　数	说　　明
建筑空调负荷 (space cooling load)	为使建筑达到预期的温湿度状态,需要向建筑空间提供的冷量
建筑供热负荷 (space heating load)	为使建筑达到预期的温湿度状态,需要向建筑空间提供的热量
室内得热量 (the indoor heat gain)	由室内热源散入房间的热量总和
太阳得热量 (solar heat gain)	来源于直射太阳辐射和散射太阳辐射的得热量
建筑室内负荷 (indoor load)	不考虑新风需求时的建筑空调负荷或建筑供热负荷
建筑新风负荷 (fresh air load)	为满足建筑物空间使用对新风的需求,将相应流量的新风从室外状态改变到空调/供热空间的空气状态所需消耗的冷热量
空调耗冷量 (cooling load)	为了满足建筑空调负荷,使建筑物达到预期的温湿度状态,空调系统实际消耗的冷量
空调耗热量 (heating load)	为了满足建筑供热负荷,使建筑物达到预期的温湿度状态,空调系统实际消耗的热量

续表

参 数	说 明
空调再热量 （reheating load）	包括两种情况下的再热量：一是室内空调设备的再热量，这种再热量既可能是满足建筑供热负荷的合理消耗，也可能是在系统调节能力有限时，为兼顾不同末端的负荷需求差异而产生的冷热抵消；二是空气处理设备的再热量，这种再热量可能是为了达到空气处理要求的温湿度状态而消耗的合理再热负荷，也可能是与空气处理过程的组织及相关控制参数设定有关的再热（通常是不合理的冷热抵消）
机组制冷量 （cooling capacity）	制冷机组的实际制冷量，其总量与系统的空调耗冷量相当，但往往不同于建筑空调负荷
机组制热量热负荷 （heating capacity）	制热机组的实际制热量，其总量与系统的空调耗热量相当，但往往不同于建筑供热负荷

表 3.12　常见的暖通空调系统能耗变量含义

参 数	说 明
制冷机组能耗	制冷机组的设备能耗
冷源能耗	所有冷源设备的耗能总和
制热机组能耗	制热机组的设备能耗
热源能耗	所有热源设备的耗能总和

表 3.13　暖通空调系统能效指标含义

参 数	说 明
空调箱风机能耗	送风机和排风机的能耗
风机排管风机能耗	风机排管的风机电能
水泵能耗	包括冷冻水泵、冷却水泵、热水循环泵、冷却塔补水泵等水泵设备的能耗
冷却塔风机能耗	冷却塔的风机电耗

3.2 建筑能耗分类标准和能源折算

对于建筑能耗数据的表述,国内标准有《建筑能耗数据分类及表示方法》(JG/T 358—2012),国际标准有 ISO12655:2012(E)(energy performance of buildings presentation of measured energy use of buildings)。《建筑能耗数据分类及表示方法》标准中规定了建筑能耗的术语和定义、建筑能耗分类标准及能耗数据的表示方法等。建筑能耗分类标准不同,能耗表述结果也是不同的。

(1) 建筑能耗按照用途划分,分为供暖用能、供冷用能、生活热水用能、风机用能、炊事用能、照明用能、家电/办公设备用能、电梯用能、信息机房设备用能、建筑服务设备用能和其他专用设备用能。

(2) 建筑能耗按用能边界划分,首先按供暖、供冷和生活热水系统及其他系统分为两类,这两类系统中所有用能边界对应的能量划分为五类:① 建筑实际获得的热/冷量(E_B);② 建筑供热/供冷系统用能(E_T);③ 区域供热/供冷系统提供的热/冷量(E_{DO});④ 区域供热/供冷系统使用的能量(E_{DI});⑤ 与建筑主体结合的主动式可再生能源系统提供的能量(E_R),如图 3.1 和图 3.2 所示。

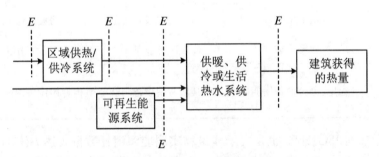

图 3.1 建筑供暖、供冷和生活热水用能按用能边界分类示意图(虚线所示)

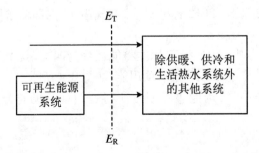

图 3.2 建筑各系统用能按用能边界分类示意图(虚线所示)

各系统用能按具体用能边界的表述和符号按表3.14和表3.15中规定,表中项目未包括与建筑主体结合的主动可再生能源系统提供的能量(E_R)。

表3.14 供暖、供冷和生活热水用能按用能边界表示

建筑能耗	建筑实际获得的热/冷量(E_B)	建筑供热/供冷系统用能(E_T)	区域供热/供冷系统提供的热/冷量(E_{DO})	区域供热/供冷系统使用的能量(E_{DI})
供暖用能	建筑实际获得的热/冷量($E_{B,h}$)	建筑供热/供冷系统用能($E_{T,h}$)	区域供热/供冷系统提供的热/冷量($E_{DO,h}$)	区域供热/供冷系统使用的能量($E_{DI,h}$)
供冷用能	建筑实际获得的热/冷量($E_{B,c}$)	建筑供热/供冷系统用能($E_{T,c}$)	区域供热/供冷系统提供的热/冷量($E_{DO,c}$)	区域供热/供冷系统使用的能量($E_{DI,c}$)
生活热水用能	建筑实际获得的热/冷量($E_{B,hw}$)	建筑供热/供冷系统用能($E_{T,hw}$)	区域供热/供冷系统提供的热/冷量($E_{DO,hw}$)	区域供热/供冷系统使用的能量($E_{DI,hw}$)

表3.15 除供暖、供冷和生活热水用能外的其他用能按用能边界表示

建筑能耗	建筑各系统用能(E_T)	建筑能耗	建筑各系统用能(E_T)
风机用能	风机用能($E_{T,fan}$)	电梯用能	电梯用能($E_{T,transp}$)
炊事用能	炊事用能($E_{T,ck}$)	信息机房设备用能	信息机房设备用能($E_{T,data}$)
照明用能	照明用能($E_{T,lt}$)	建筑服务设备用能	建筑服务设备用能($E_{T,aux}$)
家电/办公设备用能	家电/办公设备用能($E_{T,app}$)	其他专用设备用能	其他专用设备用能($E_{T,func}$)

国际标准ISO12655也是关于建筑物实测能源消耗数据表述方法的标准,与《建筑能耗数据分类及表示方法》规定的内容基本一致,但ISO12655的表述更具有通用性。

按照能耗用途分类,ISO12655标准将各分项能耗归为四大类,具体分类如图3.3所示。与JG/T 358—2012标准对应,空气输送、内部输送用能分别与风机用能和电梯用能对应。

根据用能边界分类,ISO12655标准将能耗分为四类,其中不包含"区域供热/供冷系统提供的热/冷量(E_{DO})"这一项用能,如图3.4所示。

ISO12655标准中,按用能边界划分所得建筑能耗的符号及意义如表3.16所示。

第3章 建筑能耗分析基础

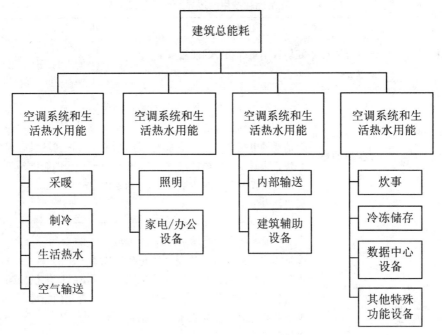

图 3.3　建筑主要用能

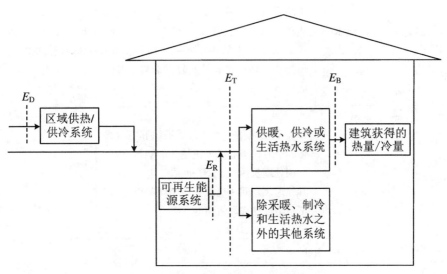

图 3.4　按用能边界区分建筑能耗(虚线所示)

表 3.16 建筑能耗按用能边界划分符号及意义

能耗用途	建筑实际获得的热/冷量(E_B)	建筑技术系统获得的能量(E_T)	区域供热/冷系统使用的能量(E_D)
采暖用能	$E_{B,h}$ 建筑实际获得的热电能	$E_{T,h}$ 对于区域供暖系统，$E_{T,h}$ 是指区域供暖系统输入到建筑的热量，还包括热水水泵消耗的电能。对于其他系统，$E_{T,h}$ 指的是建筑采暖获得的热量，包括能量转换设备及辅助设备消耗的能量，但不包括室内风机耗电量	$E_{D,h}$ 区域供暖系统使用的能量
制冷用能	$E_{B,c}$ 建筑实际获得的冷量	$E_{T,c}$ 对于区域供冷系统，$E_{T,c}$ 是指区域供冷系统输入到建筑的冷量。还包括冷冻水泵消耗的电能。对于其他系统，$E_{T,c}$ 是建筑制冷获得的冷量，包括能量转换设备及辅助装置消耗的能量，但不包括室内风机耗电量	$E_{D,c}$ 区域供冷系统使用的能量
建筑生活热水用能	$E_{B,hw}$ 建筑生活热水实际获得的热量	$E_{T,hw}$ 对于区域采暖系统，$E_{T,hw}$ 是指区域采暖系统为建筑生活热水提供的热量及热水水泵消耗的电能。对于其他系统，$E_{T,hw}$ 是建筑生活热水实际获得的能量，包括能量转换设备及其辅助装置消耗的能量	$E_{D,hw}$ 区域生活热水系统使用的能量
空气流动用能	—	$E_{T,am}$ 指的是用于建筑自然通风和空气循环的所有机械通风风机使用的能量，包括空调处理机风机、卫生间排气扇、车库和其他通风空间风机运行所消耗的电能，但不包括冷却塔风机用能	—
照明用能	—	$E_{T,lt}$	—
家电/办公设备用能	—	$E_{T,app}$	—
室内输送用能	—	$E_{T,transp}$	—

续表

能耗用途	建筑实际获得的热/冷量(E_B)	建筑技术系统获得的能量(E_T)	区域供热/冷系统使用的能量(E_D)
建筑辅助设备用能	—	$E_{T,aux}$	—
炊事用能	—	$E_{T,ck}$	—
冷却储存用能	—	$E_{T,stor}$	—
数据中心设备用能	—	$E_{T,data}$	—
其他特殊功能设备用能	—	$E_{T,fune}$	—

准确的能耗数据表示方法是节能评审工作顺利开展的基础,不同类型建筑的能耗、能源品种和能耗用途都是不同的。因此表示建筑能耗时,应指明实际消耗的能源种类和数量,或者根据建筑能耗换算方法进行统一换算。

《建筑能耗数据分类及表示方法》标准中提出几种能耗换算方法:电热当量法、发电煤耗法或等效电法。各能源均可用千瓦时(kW·h)、千克标准煤(kgce)、千焦(kJ)等作为能量单位。能耗换算系数按表3.17规定。

表3.17 主要能源按电热当量法、发电煤耗法和等效电法的换算数

能源种类	实物量	电热当量法换算[a]		发电煤耗法换算[a]		等效电法换算[b]		备注(计算等效电采用的温度)
		kW·h$_{CV}$	MJ$_{CV}$	kgce$_{CE}$	MJ$_{CE}$	kW·h$_{EE}$	MJ$_{EE}$	
电力	1 kW·h	1.000	3.600	0.320[b]	9.367[b]	1.000	3.600	—
天然气	1 m^3	10.81	38.93	1.330	38.93	7.131	25.67	燃烧温度1500 ℃ 环境温度0 ℃
原油	1 kg	11.62	41.82	1.429	41.82	7.659	27.57	燃烧温度1500 ℃ 环境温度0 ℃
汽油	1 kg	11.96	43.07	1.471	43.07	7.889	28.40	燃烧温度1500 ℃ 环境温度0 ℃

续表

能源种类	实物量	电热当量法换算[a]		发电煤耗法换算[a]		等效电法换算[b]		备注(计算等效电采用的温度)
		kW·h$_{CV}$	MJ$_{CV}$	kgce$_{CE}$	MJ$_{CE}$	kW·h$_{EE}$	MJ$_{EE}$	
柴油	1 kg	11.85	42.65	1.457	42.65	7.812	28.12	燃烧温度 1500 ℃ 环境温度 0 ℃
原煤	1 kg	5.808	20.91	0.7143	20.91	2.928	10.54	燃烧温度 700 ℃ 环境温度 0 ℃
洗精煤	1 kg	7.317	26.34	0.9000	26.34	3.689	13.28	燃烧温度 700 ℃ 环境温度 0 ℃
热水 (95 ℃/70 ℃)	1 MJ	0.2778	1.000	0.03416	1.000	0.06435	0.237	环境温度 0 ℃
热水 (95 ℃/40 ℃)	1 MJ	0.2778	1.000	0.03416	1.000	0.03927	0.141	环境温度 0 ℃
饱和蒸气 (1.0 MPa)	1 MJ	0.2778	1.000	0.03416	1.000	0.09778	0.352	环境温度 0 ℃
饱和蒸汽 (0.4 MPa)	1 MJ	0.2778	1.000	0.03416	1.000	0.08667	0.312	环境温度 0 ℃
饱和蒸汽 (0.3 MPa)	1 MJ	0.2778	1.000	0.03416	1.000	0.08306	0.299	环境温度 0 ℃
冷冻水 (7 ℃/12 ℃)	1 MJ	0.2778	1.000	0.03416	1.000	0.02015	0.073	环境温度 30 ℃

注：a.采用电热当量法和发电煤耗法换算中的燃料低位发热量数据来源于《中国能源统计年鉴2022》；
b.根据当年全国平均火力发电水平确定，本表中数据来源于《中国节能节电分析报告2021》

在进行建筑能耗分析时，准确定义建筑能耗类别，充分利用能耗数据，能够很快地推进相关的节能评审工作。在建筑物的全生命周期内，每个阶段对能耗数据分析的目的不同、方法不同，获取能耗数据的途径和手段也不尽相同。

3.3 建筑能耗分析数据获取

建筑能耗的构成是非常多样的。在建筑物的全寿命周期内，获取建筑能耗数据的可用手段是不同的，数据的参考价值也是不一样的(表3.18)。

表 3.18 常用的建筑能耗数据获取方式和用途

建筑性能评价阶段	获取方式	数据意义
策略规划	参考同类项目能耗强度指标估算	获得能耗的量级参考值,作为策略规划的参考信息
策划	参考同类项目能耗强度指标估算	获得能耗的量级参考值,作为策略规划的参考信息
设计	通过稳态计算、动态模拟等方法估算	估计设计负荷,确定设备容量,辅助选型;分析不同设计方案的能耗水平,作为设计优化的参考信息
建造	测试、估算	设备设施的工况调试,测试设备性能,作为运行管理的参考信息
使用	实测、计量	分析设备运行状况,分析系统能效,分析不同运行方式和控制策略的能耗水平,作为设备维护、系统运行优化的参考信息

建筑环境是由室外气候条件、室内各种热源的发热状况以及室内外通风状况所决定的。建筑环境控制系统的运行状况也必须随着建筑环境状况的变化而不断进行相应的调节,以实现满足舒适性及其他要求的建筑环境。由于建筑环境变化是由众多因素所决定的一个复杂过程,因此只有通过计算机模拟计算的方法才能有效地预测建筑环境在各种控制条件下可能出现的状况,例如室内温湿度随时间的变化、采暖空调系统的逐时能耗以及建筑物全年环境控制所需要的能耗等。采用模拟的方法对设计建筑进行量化评估,可以获得设计方案的性能表现的完整信息,帮助评价体系在控制建筑环境的质量与性能的前提下,较为准确地考察建筑的环境负荷(最终体现为设计方案付出的经济代价)。因此,在建筑物及其系统的设计阶段,通过计算机进行建筑物的能耗模拟是一种广泛应用的获取能耗数据和辅助设计分析的手段。

第4章 主动式节能系统能耗分析

主动式节能系统主要是指利用各种机电设备组成主动系统（自身需要能耗），主要包括室内环境调节系统、能源和设备系统、可再生能源系统、测量和控制系统来收集、转化和储存能量，以充分利用太阳能、风能、地热能、水能、生物能等可再生能源，同时提高传统能源的使用效率。它的特点是对设备和技术的要求较高，前期建设成本投入大，后期运维成本高，是建筑节能的重要组成部分。

4.1 室内环境调节系统

4.1.1 系统能耗模拟

建筑环境是由室外气候条件、室内各种热源的发热状况以及室内外通风状况所决定的。建筑环境控制系统的运行状况也必须随着建筑环境状况的变化而不断进行相应的调节，以实现满足舒适性及其他要求的建筑环境。由于建筑环境变化是由众多因素所决定的一个复杂过程，因此只有通过计算机模拟计算的方法才能有效地预测建筑环境在各种控制条件下可能出现的状况，例如室内温湿度随时间的变化、采暖空调系统的逐时能耗以及建筑物全年环境控制所需要的能耗等。

对于暖通空调系统，能耗模拟的内容涉及影响暖通空调能耗的各个方面，从模拟分析的角度看，可以分为以下几个方面：

1. 与建筑方案相关的模拟

建筑的方案设计涉及建筑布局和造型、空间划分、围护结构设计、自然通风设计等诸多方面，不同的设计方案会带来不同的建筑热性能，具体方案涉及建筑朝向的选取、建筑外立面设计、体型系数的确定、窗墙面积比选取、遮阳设计、围护结构（包括外墙、屋面、窗户等）的选取、自然通风设计等。比如，通过改善外墙保温、改进外窗性能和窗墙面积比、选取不同热惰性的围护结构等措施，都将改变建筑物室内热环境和能源消耗。然而这些措施与建筑环境及建筑物全年能耗之间的关系很难进行直接准确的分析，只有通过逐时的动态模拟才能得到。因此在分析评价一个建筑设计方案对环境状况和能耗造成的影响时，一般都采用模拟计算的方法。

例如,加大外窗面积会在冬天增加太阳得热,减少冬天的采暖能耗;但在冬季夜间又会增加向室外的散热,增加采暖能耗,夏季还会导致通过外窗的得热增加,加大空调能耗。因此需要对窗墙面积比进行优化。同样,增加外墙保温厚度,可减少冬夏季热损失,但随保温厚度不断增加,收益的增加逐渐变缓而投资却继续线性增长,因此也存在最优的保温厚度。由于这些相互制约的关系都随气候及室内状况而变化,因此相关优化也只有对建筑进行动态模拟才能实现。与建筑方案相关的模拟及能耗分析属于被动式节能技术,本书第5章将详细介绍。

2. 与暖通空调系统方案相关的模拟

暖通空调系统的方案设计包括空调系统分区(如内区、外区、按朝向分区、按房间功能分区等)、空调系统形式选取(如变风量全空气系统,风机盘管+新风系统,辐射采暖/制冷等)、设备选型和搭配、系统连接形式设计等。实际空调系统是运行在各种可能出现的气候条件和室内使用方式下,其大部分时间都不是运行在极端冷或极端热的设计工况而是介于二者之间的部分负荷工况下。这些可能出现的部分负荷工况情况多样,特点各不相同,往往在实际运行中出现问题,或难于满足环境控制的要求,或出现不合理的冷热抵消,导致能耗增加。通过对全年的逐时动态模拟,就会了解实际运行中可能出现的各种工况和各种问题,从而在系统、结构中采取有效措施。通过动态模拟,还可以预测不同系统设计导致的全年空调能耗,从而对系统方案和设备配置进行优化。

3. 与系统控制策略相关的模拟内容

在实际建筑物当中,不同的系统控制策略对系统能耗有显著的影响。对暖通空调系统,控制策略涉及的内容包括设备的开机和加减机策略、设备的控制参数设定值调节策略、设备的变频调节策略等,具体比如冷热源的控制(机组群控、利用"峰谷电价"采用蓄能技术时的蓄能策略、冷热源出水温度的调节策略等),水泵变频控制及其控制参数(比如用户侧总压差)的调节策略,冷却塔风机的变频控制,冷却塔出水温度的调节策略,冷水机组、冷却水泵、冷却塔等设备的搭配运行方式等。对暖通空调系统的控制策略进行模拟,就是要准确反映这些控制策略对系统和设备运行的影响,分析不同控制策略的能耗状况和环境控制效果,从而优化系统运行效果,以更小的能耗获得预期的环境控制效果。

4.1.2 暖通空调系统方案相关的能耗模拟

1. 空调分区

合理地进行分区是实现温度均匀分布的关键,空调系统分区广泛存在于大型公共建筑的各种空调系统中,在空调分区系统中,采用适当的空调方式,比如变风量空调系统,可以减少能耗、节约能源。

分区方式一:按朝向分区

首先按朝向分区,如图 4.1 所示。空调系统形式采用全空气变风量空调系统,各房间的送风量范围为 4~8 次/h。

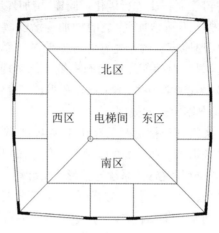

图 4.1 分区方式一

用全年不满足(指系统达不到设计要求)小时数来评价空调系统的性能优劣,通过空调系统方案模拟计算,各系统全年不满足小时数如表 4.1 所示。

表 4.1 分区方式一的各区满足状况

系统编号	西向分区	北向分区	东向分区	南向分区
不满足小时数	794	225	640	546

以西区系统为例,在制冷工况下,有些房间温度已经达到室温要求下限,同时风量调整为最小,而有些房间风量调整到最大但温度仍然高出室温要求上限,所以此时系统无法同时满足各个房间要求。造成这种现象的原因应该是受外界影响较大的外区和受室内发热量影响较大的内区划分在一个分区之中,可以看到有很多时刻都出现了这种室内温度无法满足的情况(图 4.2 和图 4.3)。

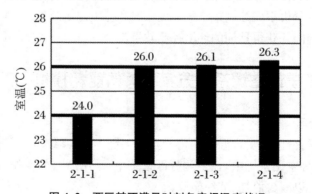

图 4.2 西区某不满足时刻各房间温度状况

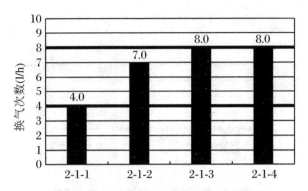

图 4.3 西区某不满足时刻各房间换气次数

分区方式二:按内区、外区划分

基于上述分析,为了减少由于将内外区划分在一个分区之中而造成的室内温度无法满足的情况,考虑按照内外分区的方式进行系统划分,如图 4.4 所示,对此分区形式进行空调系统方案模拟,结果见表 4.2。

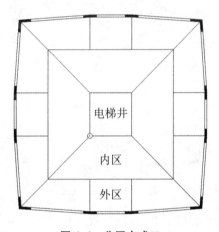

图 4.4 分区方式二

表 4.2 分区方式二的各区满足状况

系统编号	内区	外区
不满足小时数	0	771

通过计算结果可以看到,改变分区方式之后,内区空调系统能够很好地满足设计要求,然而外区系统的不满足率仍较高,取外区不满足的某一时刻查看各个房间的温度,见图 4.5,可知由于各朝向外区房间的热状况的不同,导致温度差异很大,不适合划分在一个系统。

分区方式三:在内、外区分区基础上按朝向划分

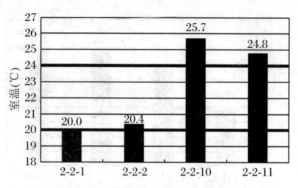

图 4.5 外区某不满足时刻各个房间温度

四个朝向中,东、北朝向的热状况接近,而西、南朝向的热状况接近。考虑在原分区方案基础上,将外区房间按照东北和西南划分为两个分区,如图 4.6 所示。

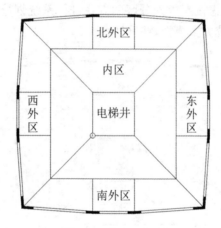

图 4.6 分区方式三

通过计算结果(表 4.3)可以看到,改变外区的分区方式之后,内区和外区东北朝向的空调系统能够很好地满足需要,然而外区西南朝向的不满足率仍然较高,如图 4.7 所示,仍然是各房间冷热状况不同导致。

表 4.3 分区方式二的各区满足状况

系统编号	内区	东、北外区	西、南外区
不满足小时数	0	3	505

此时为了进一步降低外区西南朝向分区的不满足率,在原分区方案基础上,将外区西南朝向分区房间的送风量范围加大为 4~10 次/h。

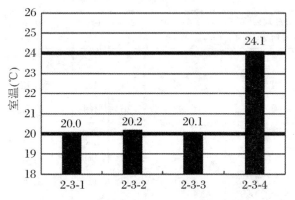

图 4.7 外区某不满足时刻各个房间温度

通过计算结果(表 4.4)可以看到,通过加大外区西南朝向分区的送风量范围,西南外区的系统不满意时刻明显减少。经过上述模拟分析,确定采用分区方式三,并将西南外区的房间风量范围调整为 4～10 次/h。

表 4.4 分区方式三的调整西南区送风量范围的满意状况

系统编号	内区	东、北外区	西、南外区
不满足小时数	0	3	294

2. 空调系统形式

某办公建筑,一层是展厅,二至七层为办公室和会议室。空调系统设计采用了两种空调方案:方案 1 为多联机空调系统和新风系统;方案 2 为集中冷热源,中央空调系统。

冷热源选用 2 台地源热泵和 1 台冷水机组,空调末端一层采用架空地板送风形式,二至七层采用辐射吊顶"＋"置换通风形式。采用 BIN 法对两种方案进行全年能耗比较,计算结果见表 4.5。

根据表格结果可以看出,本设计方案 1 比方案 2 全年能耗节省 6.45×10^4 kW·h,节能 26.1%,即 VRV 系统比集中冷热源中央空调系统运行费用低。分析原因主要在于 VRV 系统具有控制、开启灵活性等特点,对于该建筑使用情况相互独立的房间,可以根据使用时间、人员流动、室内负荷变化来调节,做到随用随开,人走机停,调节方便,利于节能。但是在实际工程中,要采用何种空调方式,还应该根据不同建筑的功能,从安全可靠性、调节灵活性、控制系统等方面进行比较决定。

表 4.5 两种方案计算结果

温度 (℃)	小时数 (h)	方案 1 能耗值 (×10⁴ kW·h/年)	方案 2 能耗值 (×10⁴ kW·h/年)	温度 (℃)	小时数 (h)	方案 1 能耗值 (×10⁴ kW·h/年)	方案 2 能耗值 (×10⁴ kW·h/年)
-6	0	0	0	22	138	0	1.51
-4	3	0.06	0.06	24	152	1.12	2.48
-2	17	0.35	0.32	26	161	1.77	3.08
0	55	1.06	0.99	28	204	3.06	4.37
2	138	2.5	2.34	30	179	3.12	4.59
4	132	2.23	1.67	32	105	2.05	2.89
6	129	2.02	1.61	34	55	1.17	1.6
8	144	2.07	1.77	36	11	0.25	0.33
10	141	1.84	1.52	总计	1764	24.7	31.1

3. 冷热源方案的设计

图 4.8 为某建筑逐时需要冷量分布情况,可以发现冷量需求在低于 2000 kW 的范围内比较集中,尤其是冷量需求低于 800 kW 的小时数占到需要开启冷机的总小时数的 62%,这就涉及机组搭配的问题,选用多台冷机时,如何确定所选用单台冷机的容量和冷机台数。

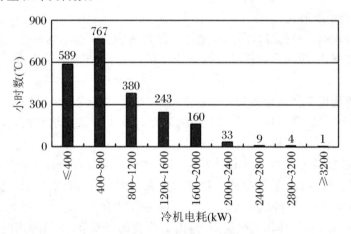

图 4.8 建筑空调系统耗冷量分布

此建筑最大的冷量需求为 3510 kW,对此可以初选出三种冷机搭配方案:
方案 1:额定冷量 1800 kW 离心机 2 台;
方案 2:额定冷量 1200 kW 离心机 3 台;
方案 3:额定冷量 1440 kW 离心机 2 台,额定冷量 720 kW 离心机 1 台。
与冷机搭配的水系统选择二次泵水系统形式。

三种方案的冷水机组总额定制冷量相同,均可以满足系统的逐时冷量需求,系统运行时会根据末端的冷量需求确定开启冷水机组台数,随着末端冷量需求的变化,冷水机组经常会工作在部分负荷点,因冷水机组部分负荷时的COP不同,那么不同的冷水机组搭配其运行能耗会有所差别,差别大小应与系统的负荷分布情况有关,图4.9所示为某一时刻,不同方案对应的冷水机组电耗及COP,对冷水机组全年运行电耗进行模拟分析,结果见图4.10。

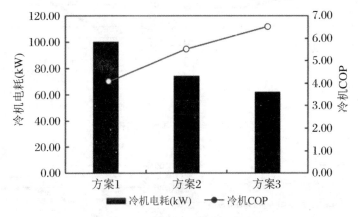

图4.9 某部分负荷时刻不同冷机方案工作状况

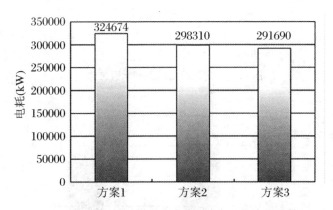

图4.10 不同冷机搭配方案冷机全年运行电耗比较

可见,方案3的冷机搭配方案下的冷机全年运行电耗较前两种方案有明显降低,方案3较方案1降低了10.2%的运行电耗。

4.1.3 系统控制策略相关的能耗模拟

以输送设备的控制为例进行说明,这里介绍建筑二次泵水系统的运行控制,二次泵的运行方案有两种:根据用户流量需要台数控制,根据供回水压差变频控制。

两种控制方式下,二次水泵全年工作状况见图 4.11、图 4.12。图 4.13 所示为两种控制方式下二次泵的全年电耗差异。由图 4.12 可见,定压差变频控制,而二次泵的工作点扬程维持在 15 m,而台数控制,水泵的工作点扬程大部分时刻高于 15 m,变频控制下的水泵电耗较低。

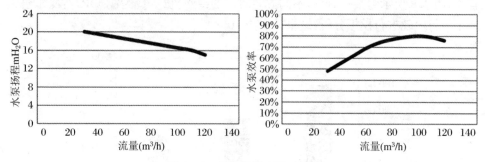

图 4.11 台数控制水泵工作点

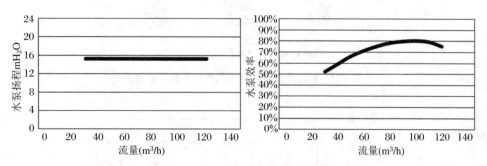

图 4.12 定压差变频控制水泵工作点

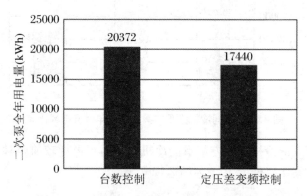

图 4.13 二次泵不同控制方式全年耗电量比较

4.2　测量和控制系统

4.2.1　暖通空调测量系统

1. 温度测量

温度是暖通空调系统中非常基本的测量参数。为了准确测量室内温度,通常采用温度传感器,如热电阻、热电偶等。这些传感器能够将温度信号转换为电信号,然后通过信号传输线路将信号传输到控制系统中。在选择温度传感器时,需要考虑其测量范围、精度、稳定性以及安装方式等因素。在暖通空调系统中,常用的温度传感器主要包括热电阻、热电偶和红外线传感器等。

(1) 热电阻传感器

热电阻传感器是一种基于材料电阻随温度变化的原理来测量温度的传感器。它通常由金属或半导体材料制成,当温度变化时,材料的电阻值也会发生变化。通过测量电阻值的变化,可以确定温度值。热电阻传感器具有测量范围广、精度高、稳定性好等优点,因此在暖通空调系统中得到广泛应用。

(2) 热电偶传感器

热电偶传感器是一种基于热电效应原理来测量温度的传感器。它由两种不同金属或合金的导线组成,当两端存在温差时,会产生热电势。通过测量热电势的大小,可以确定温度值。热电偶传感器具有测量范围宽、响应速度快等优点,适用于高温环境下的温度测量。

(3) 红外线传感器

红外线传感器是一种基于物体辐射红外线的原理来测量温度的传感器。它通过接收物体辐射的红外线,并将其转换为电信号来测量温度。红外线传感器具有非接触式测量、响应速度快等优点,适用于一些特殊场合下的温度测量。

2. 湿度测量

在暖通空调系统中,湿度是一个关键的测量参数。湿度直接影响室内环境的舒适度和人体健康。过高的湿度可能导致霉菌生长、物品发霉等问题,而过低的湿度则可能导致皮肤干燥、呼吸道不适等问题。因此,准确测量室内湿度对于提供舒适的室内环境至关重要。在暖通空调系统中,常用的湿度传感器主要包括电容式、电阻式和露点式等。

(1) 电容式湿度传感器

电容式湿度传感器利用电介质在湿度变化时电容值的变化来测量湿度。它通常由聚合物或陶瓷等电介质材料制成,当环境湿度变化时,电介质材料的介电常数也会发生变化,从而引起电容值的变化。通过测量电容值的变化,可以确定湿度值。电容式湿度传感器具有测量范围广、精度高、稳定性好等优点,因此在暖通空调系统中得到广泛应用。

(2) 电阻式湿度传感器

电阻式湿度传感器利用金属氧化物或有机高分子材料等在湿度变化时电阻值的变化来测量湿度。当环境湿度变化时,这些材料的电阻值也会发生变化,从而引起电流的变化。通过测量电流的变化,可以确定湿度值。电阻式湿度传感器具有结构简单、成本低等优点,因此在一些低成本应用中得到广泛应用。

(3) 露点式湿度传感器

露点式湿度传感器利用露点温度的变化来测量湿度。当环境湿度变化时,露点温度也会发生变化。通过测量露点温度的变化,可以确定湿度值。露点式湿度传感器具有测量范围宽、精度高等优点,适用于一些特殊场合下的湿度测量。

3. 气流速度测量

气流速度是暖通空调系统中另一个重要的测量参数。为了准确测量气流速度,通常采用风速传感器。这些传感器能够将气流速度信号转换为电信号,然后通过信号传输线路将信号传输到控制系统中。在选择风速传感器时,需要考虑其测量范围、精度、稳定性以及安装方式等因素。常用的测量方法包括皮托管测量法、热线风速计测量法以及超声波测速仪测量法。

(1) 皮托管测量法

皮托管测量法是一种利用皮托管测量风速的方法。皮托管是一种特殊的传感器,它由两个半圆形的金属片组成,一个半圆形的金属片用来测量全压,另一个半圆形的金属片用来测量静压。通过测量这两个压力值,可以计算出风速。皮托管测量法具有精度高、稳定性好等优点,但需要在系统中安装额外的传感器和设备。

(2) 热线风速计测量法

热线风速计是一种利用热线电阻测量风速的方法。热线电阻是一种特殊的电阻,其阻值会随着温度的变化而变化。当热线电阻受到风速的影响时,其阻值也会发生变化。通过测量热线电阻的阻值变化,可以计算出风速。热线风速计测量法具有非接触式测量、响应速度快等优点,但需要定期校准和维护。

(3) 超声波测速仪测量法

超声波测速仪是一种利用超声波测量风速的方法。超声波是一种高频声波,其传播速度与空气中的声速有关。当超声波遇到风速变化时,其传播速度也会发生变化。通过测量超声波的传播速度变化,可以计算出风速。超声波测速仪测量法具有非接触式测量、精度高、稳定性好等优点,但需要安装额外的传感器和设备。

4. 空气质量测量

空气质量是暖通空调系统中另一个重要的测量参数。为了准确测量室内空气质量,通常采用空气质量传感器。这些传感器能够将空气中的污染物浓度信号转换为电信号,然后通过信号传输线路将信号传输到控制系统中。在选择空气质量传感器时,需要考虑其测量范围、精度、稳定性以及安装方式等因素。测量方法包括化学分析法、物理检测法以及生物检测法。

(1) 化学分析法

化学分析法是通过对室内空气中的化学成分进行定量分析,以确定空气质量的方法。这种方法通常需要使用专业的化学试剂和仪器,对空气中的有害物质进行检测和测量。化学分析法具有较高的精度和准确性,但需要专业的操作人员和设备。

(2) 物理检测法

物理检测法是通过测量室内空气中的物理参数(如温度、湿度、风速等)来间接评估空气质量的方法。这种方法通常使用传感器和仪表来测量这些参数,并通过数学模型或算法将这些参数与空气质量相关联。物理检测法具有操作简便、成本低等优点,但精度和准确性相对较低。

(3) 生物检测法

生物检测法是利用生物体对空气质量的敏感反应来评估空气质量的方法。这种方法通常使用生物指示剂(如细菌、藻类等)来对空气中的有害物质进行检测。生物检测法具有较高的灵敏度和选择性,但需要较长的测量时间和专业的操作人员。

4.2.2 暖通空调控制系统

1. 暖通空调控制系统的基本组成

暖通空调控制系统主要由传感器、控制器和执行器三部分组成。传感器负责检测室内外的温度、湿度、空气质量等参数,并将这些参数转换成电信号传输给控制器。控制器接收到传感器信号后,根据预设的控制程序和算法,计算出所需的控制量,并将控制信号传输给执行器。执行器根据控制信号调节空气处理设备的参数,例如调节阀门的开度、风机的转速等,以实现对室内环境参数的精确控制。

2. 暖通空调控制系统的控制原理

暖通空调控制系统的工作原理是:通过传感器监测室内环境参数(如温度、湿度、空气质量等),并将信号传递给控制器。控制器根据预设的设定值和实际值之间的差异,计算出控制指令并发送给执行器。执行器根据控制指令调节空调设备的运行,以保持室内环境参数在设定范围内。同时,控制系统还具有自动调节功能,可以根据室内环境参数的变化自动调整空调设备的运行状态,以保持室内环境的舒适度。

(1) 温度控制系统

温度控制的目的是将室内温度维持在一个适宜的范围内,以满足人体舒适度和节能的需求。传统的暖通空调系统中,温度控制通常采用 PID(比例—积分—微分)控制算法。PID 控制是一种反馈控制算法,它根据设定值与实际值的偏差进行控制,通过比例、积分和微分三个环节的组合调节,实现对被控对象的精确控制。在暖通空调系统中,PID 控制器通过比较实际温度与设定温度的偏差,调节冷热水阀的开度和风机的转速,以实现对室内温度的精确控制。

(2) 湿度控制系统

湿度控制的目的是将室内湿度维持在一个适宜的范围内,以满足人体舒适度和建筑维护的需求。在暖通空调系统中,湿度控制通常采用相对湿度控制方式。相对湿度是指空气中实际水蒸气含量与同温度下饱和水蒸气含量的比值。在控制系统中,通过测量室内相对湿度并设定合适的相对湿度值,调节加湿器或除湿器的输出功率,以实现湿度的调节。与温度控制类似,湿度控制也可以采用 PID 控制算法或其他先进的控制算法。在湿度控制中,需要考虑的因素包括空气处理设备的性能、室内外空气的湿度和温度变化等。这些因素会对控制系统产生复杂的影响,因此需要根据实际情况对控制系统进行精细的调整和优化。

(3) 室内空气质量控制

空气质量控制的目的是保证室内空气的新鲜度、清洁度和适宜的氧气含量,以满足人体健康和舒适度的需求。在暖通空调系统中,空气质量控制通常采用物理和化学方法相结合的方式。具体来说,通过空气过滤器过滤掉空气中的尘埃和其他有害物质,然后通过化学反应剂去除空气中的有害气体和异味。同时,为了提高室内空气的新鲜度,控制系统还会根据室内外空气的交换情况和新风量的需求进行调控。

空气质量控制的效果受到多种因素的影响,包括空气处理设备的性能、室内外空气的质量变化等。为了实现良好的空气质量控制效果,需要定期对空气处理设备进行检查和维护,以保证其正常运行并避免潜在的污染源进入室内环境。

第 5 章 被动式节能技术能耗分析

被动式建筑节能技术是指以非机械电气设备干预手段实现建筑能耗降低的节能技术,具体指在建筑规划设计中通过对建筑朝向的合理布置、遮阳的设置、建筑围护结构的保温隔热技术、有利于自然通风的建筑开口设计等实现建筑的采暖、空调、通风等能耗的降低。建筑节能设计应优先考虑基于气候响应的建筑被动设计方法。其基本思想是在不使用人工能源系统的情况下,通过选择材料、运用技术实现建筑保温、隔热,并提供通风与照明,尽可能使建筑室内热环境在自然工况下达到可接受的舒适水平。被动设计相关的案例研究表明,合理选择被动设计方案能有效延长非供暖供冷时间,同时降低供暖供冷峰值负荷。

5.1 围护结构性能参数与建筑节能技术

建筑围护结构是建筑与外界环境交换能量和质量的关键界面,对于确保室内环境的舒适性和建筑能耗的优化起着至关重要的作用。围护结构按照是否与室外空气接触,可以分为外围护结构和内围护结构。与室外空气直接接触的为外围护结构,包括外墙、屋顶、外门和外窗等;而不直接与室外空气接触的为内围护结构,涵盖隔断、楼板、内门和内窗等。外围护结构又根据其透明程度分为透明围护结构和非透明围护结构。透明围护结构主要指外窗和天窗等,而非透明围护结构则包含外墙、屋顶、外门、外挑楼板等。

透明围护结构和非透明围护结构都在建筑节能中发挥着独特而关键的作用,特别是在抵御和防护室外气候、保温和隔热等方面。主要区别如下:在功能和作用方面,透明围护结构在节能设计中主要关注光热管理和视觉舒适性,而非透明围护结构更侧重于提高绝热性能和减少热损失;在节能手段方面,透明围护结构通过特殊涂层、玻璃类型和外遮阳等技术调节光和热流,非透明围护结构则通过材料的绝热性能、热桥设计和表面处理等措施来实现节能;而在与气候的关系方面,透明围护结构的节能效果受到气候条件(如日照强度和持续时间)的显著影响,而非透明围护结构的节能措施则相对独立于气候变化,更多关注材料的绝热性和持久性。

通过建筑围护结构热传递特性与热舒适的动态相关性研究,提出建筑围护结构不同节能构造形式的适用条件及指标参数,分析室外温度、湿度、风速、太阳辐射等环境参数对"部分时间、部分空间"建筑室内热舒适环境的影响,确定各类节能技术对调节热舒适环境的有效性。

5.1.1 温度设置和用能模式

以住宅建筑作为研究对象,其被动技术温度范围和用电模式分别见表5.1和表5.2。

表5.1 住宅建筑的被动技术温度范围($16\ ℃ \leqslant t_{op} \leqslant 28\ ℃$)

季节	人工冷热源开启温度 t_{op}(℃)	空调设置温度(℃)
夏季	>28	26
冬季	<16	18

表5.2 用能模式

	工作日(周一至周五)	周末(周六、周日)
用能模式	起居室:18:00—24:00 卧室:18:00—次日7:00	起居室:7:00—24:00 卧室:22:00—次日8:00

5.1.2 建筑模型

(1) 采用DeST软件研究建筑负荷随围护结构总体性能参数变化的趋势,围护结构参数设置如表5.3所示,通过调整外墙传热系数、外窗遮阳系数、外窗传热系数、屋面传热系数、窗墙比等参数来计算不同围护结构性能参数和建筑负荷的关系。冬季遮阳系数保持0.5不变。

表5.3 围护结构模型边界条件

构件	结构	传热系数 [W/(m²·K)]	热惰性指标
外墙	钢筋混凝土200 mm+膨胀聚苯板25 mm	1.225	2.178
内墙	稀土复合保温砂浆20 mm+钢筋混凝土200 mm+稀土复合保温砂浆20 mm	1.328	0.523
屋面	水泥砂浆20 mm+多孔混凝土200 mm+钢筋混凝土130 mm+水泥砂浆15 mm	0.812	1.074
外窗	—	2.2	—

(2) 以上海住宅为例,采用软件 DesignBuilder,研究各个朝向性能参数变化对能耗的影响,如图 5.1 所示。基准建筑围护结构相关参数如表 5.4 所示。

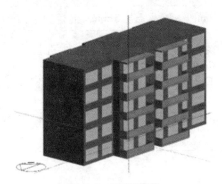

图 5.1　建筑模型

表 5.4　围护结构相关参数

参　　数		数值
围护结构传热系数[W/(m² · K)]	外墙	1.0
	内隔墙	2.0
	楼板	2.0
	屋面	0.8
	窗户	2.4
换气次数(次/h)	—	1.0
室内平均得热强度(W/m²)	—	4.3
额定能效比	采暖	1.9
	制冷	2.3

(3) 建筑模型如图 5.2 所示,建筑构造及热工参数见表 5.5。

图 5.2　模拟建筑效果图

表 5.5　建筑构造及其热工参数

构　造　层　次		传热系数
外墙	砂浆抹灰 5 mm + XPS 保温层 5 mm + 混凝土空心砌体 200 mm	1.497
隔墙	混凝土空心砌块 200 mm	1.653
屋顶	保护层 10 mm + XPS 保温层 25 mm + 钢筋混凝土 200	1.0
窗户	—	3.5
地面	夯土 350 mm + 混凝土垫层 100 mm + 保温层 30 mm + 面层 20 mm	0.68

5.1.3　非透明围护结构指标特性

非透明围护结构的传热过程是一个复杂的过程(图 5.3),主要包括热传导、对流和辐射传热三个方面:当围护结构受到外部温度变化的影响时,热量会通过围护结构材料的传导途径逐渐传递到结构的内部。热传导的速率取决于材料的热导率以及结构的厚度,通常情况下,热导率较高的材料会导致更快的热传导速率;围护结构表面与周围空气接触时,热量会通过对流的方式传递到空气中。对流传热受到表面温度差、空气流动速度以及表面与空气之间的热传导系数等因素的影响。通常情况下,空气流动速度越快,对流传热效果越好;虽然在非透明围护结构中,辐射传热相对较小,但仍然存在一定程度的辐射传热。这种传热是由于围护结构表面的温度而产生的热辐射,它能够在一定程度上影响周围环境的热量分布。

非透明围护结构的节能技术主要关注提高绝热性能和减少热桥效应。通过采用高性能的绝热材料(如聚苯乙烯泡沫、聚氨酯泡沫等)和实现热桥断开设计,可以显著降低热能的无效流失。绿色屋顶技术不仅提供了额外的绝热层,还能通过植被吸收太阳辐射,进一步降低建筑的冷却需求。针对不同气候条件的建筑设计,还需要综合考虑墙体的导热系数、窗墙比例、外墙的颜色和材料反射率等因素,以达到最优的节能效果。

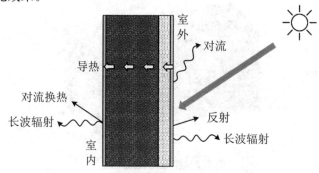

图 5.3　非透明围护结构传热过程

1. 传热系数

图 5.4 为不同外墙传热系数下的单位面积供暖、供冷和总负荷变化趋势。随着外墙保温性能的加强,热负荷逐渐降低,冷负荷逐渐升高,总体呈现出一定的降低趋势。

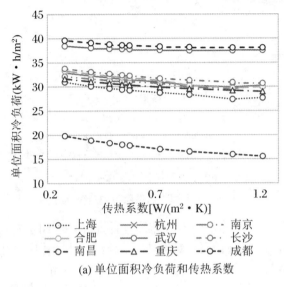

(a) 单位面积冷负荷和传热系数

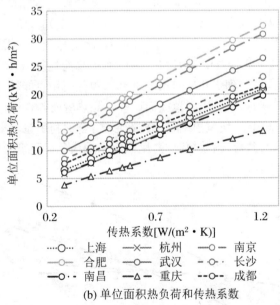

(b) 单位面积热负荷和传热系数

图 5.4 不同传热系数下的负荷

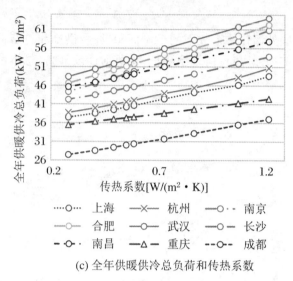

(c) 全年供暖供冷总负荷和传热系数

图 5.4 不同传热系数下的负荷(续)

图 5.5 为以上海为例,显示外墙、屋面、内隔墙和楼板不同传热系数下的单位面积总能耗变化趋势,其中,屋面研究对象是建筑顶楼。外墙、屋面、内隔墙和楼板的基准值分别为 $1.0\ W/(m^2 \cdot K)$、$0.8\ W/(m^2 \cdot K)$、$2.0\ W/(m^2 \cdot K)$、$2.0\ W/(m^2 \cdot K)$,横坐标为较基准值的变化量。内围护结构性能参数对间歇用能下的能耗均有影响,屋面传热系数从 $0.8\ W/(m^2 \cdot K)$ 到 $0.2\ W/(m^2 \cdot K)$ 时,单位面积总能耗降低 10.75%,屋面保温隔热性能对建筑顶楼能耗影响显著。内隔墙传热系数从 $2.0\ W/(m^2 \cdot K)$ 到 $1.0\ W/(m^2 \cdot K)$ 时,单位面积总能耗降低 4.06%。楼板传热系数从 $2.8\ W/(m^2 \cdot K)$ 到 $1.0\ W/(m^2 \cdot K)$ 时,单位面积总能耗降低 4.10%。

在进行技术实现时,宜采用种植屋面或架空隔热屋面等构造,种植屋面不宜采用倒置式屋面;宜采用平、坡屋顶结合的构造形式,合理利用屋顶空间,屋顶可设置花架,种植攀缘植物、盆栽、箱栽植物等;屋面宜采用浅色或建筑用反射隔热涂料。

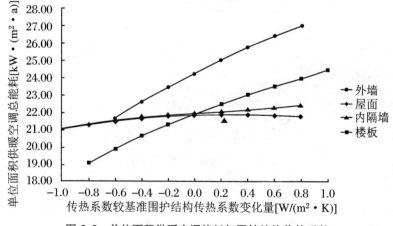

图 5.5 单位面积供暖空调能耗与围护结构传热系数

2. 热惯性

通过调节墙体传热系数 K 和热惯性指标 D，研究挤塑聚苯泡沫板 XPS（extruded polystyrene）和钢筋混凝土组合成的内保温和外保温墙体的传热量，计算结果见图 5.6 至图 5.8。

内保温墙体传热系数越高传热量减少率越低，范围为 5.3%～12.5%。外保温墙体在传热系数为 0.4 时，传热量减少率为负值，说明围护结构的传热量增加，当传热系数大于 0.75 时，墙体的传热量减少率为 6.9%～8.5%，当传热系数为 1.0 时节能率最高，说明此水平下增加热惯性的节能效果最明显。

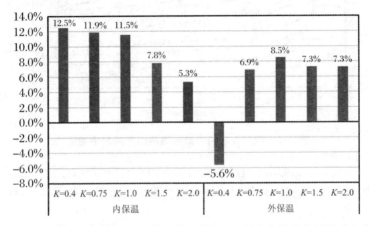

图 5.6　各传热系数的墙体热惯性从 1 增加至 6 的全年墙体传热量减少率

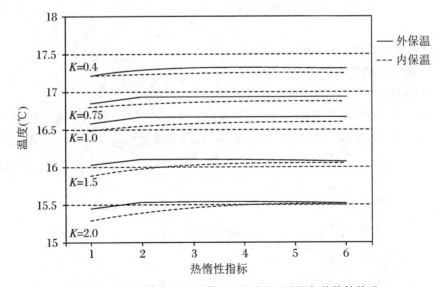

图 5.7　一月外墙内表面日最低温度的月平均值与热惯性关系

典型冬季（一月份），外保温墙体，热惯性指标为 1 的墙体较差，而热惯性指标 $D=2$～6 的墙体日最低温度接近，随着传热系数增大，差别变小。热惯性指标

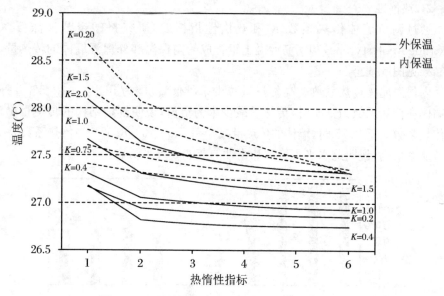

图 5.8 七月外墙内表面日最高温度的月平均值

$D>2$ 的墙体内表面温度对室内热环境贡献差值不大,即热惰性指标 $D=2$ 是较好的选择。典型夏季(七月),外保温墙体热惰性指标为 1 时较差,而热惰性指标 $D=2\sim6$ 的效果类似。

5.1.4 透明围护结构指标特性

透明围护结构主要指外窗和天窗等。

1. 外窗性能指标

(1) 窗墙比

单位面积能耗随建筑各朝向不同窗墙比的变化如图 5.9 所示。南向窗墙比从 0.60 到 0.10,单位面积总能耗升高 5.22%;北向窗墙比从 0.35 到 0.10,单位面积

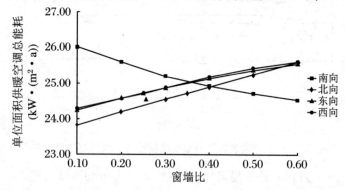

图 5.9 分时分室用能模式下单位面积供暖空调能耗与不同朝向窗墙比的关系

总能耗降低 3.78%;东向窗墙比从 0.25 到 0.10 时,总能耗降低 1.94%;西向窗墙比从 0.25 到 0.10 时,单位面积总能耗降低 1.81%。适当增大南向窗墙比并降低其余朝向窗墙比,可以达到降低单位建筑面积空调能耗的效果。

(2) 外窗传热系数

外窗各朝向传热系数相同时,随着外窗保温性能的加强,热负荷逐渐降低,冷负荷逐渐升高,总能耗仍呈现出一定的降低趋势,具体变化见图 5.10。

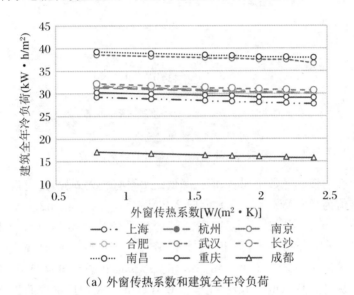

(a) 外窗传热系数和建筑全年冷负荷

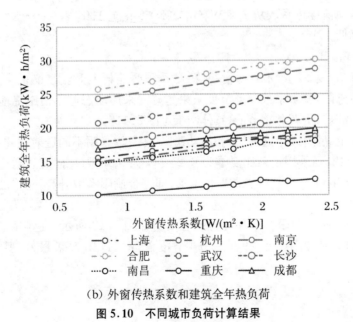

(b) 外窗传热系数和建筑全年热负荷

图 5.10 不同城市负荷计算结果

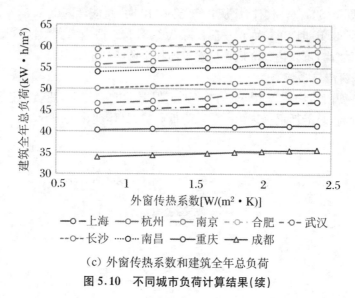

(c) 外窗传热系数和建筑全年总负荷

图 5.10 不同城市负荷计算结果(续)

外窗各朝向传热系数不同时,能耗降低的水平有较大差异,此时设定南向窗传热系数基准值为 2.0 W/(m²·K)、北向 2.2 W/(m²·K)、东向 2.2 W/(m²·K)、西向 2.2 W/(m²·K),计算得到:南向窗传热系数从 2.0 W/(m²·K)变化至 0.8 W/(m²·K)时,单位面积总能耗降低 3.30%。北向窗传热系数从 2.2 W/(m²·K)变化至 1.0 W/(m²·K)时,单位面积总能耗降低 0.82%。东向窗传热系数从 2.2 W/(m²·K)变化至 1.0 W/(m²·K)时,单位面积总能耗降低 1.15%。西向窗传热系数从 2.2 W/(m²·K)变化至 1.0 W/(m²·K)时,单位面积总能耗降低 1.15%。

(3) 外窗遮阳

建筑遮阳,夏季制冷能耗显著下降,冬季采暖能耗上升。建议夏季采用遮阳,冬季不采用遮阳,遮阳系数越低节能效果越好。采用动态遮阳措施更能满足建筑冬夏季不同需求,更有利于节能,具体结果见图 5.11。

采用固定遮阳(固定透射比)和活动遮阳(冬夏季采用不同透射比)时全年建筑能耗见图 5.12,当采用透射比夏季为 0.2、冬季为 0.6 时,比固定透射比为 0.6 时低 2.2 kW·h/m²。并且随着透射比增加,即综合遮阳系数升高,年采暖空调能耗升高。

采用百叶活动遮阳时,全年冷、热、总负荷如图 5.13 所示。遮阳效果为,外遮阳＞自遮阳＞内遮阳。百叶叶片 0°(全覆盖)时,遮阳效果最好,其次是 30°、45°、60°。

第 5 章　被动式节能技术能耗分析

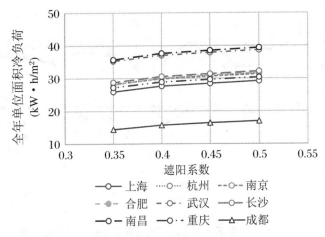

（a）遮阳系数和单位面积冷负荷

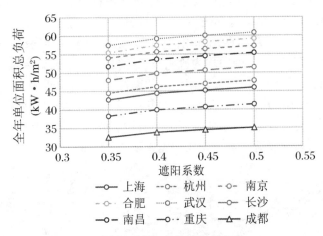

（b）遮阳系数和单位面积总负荷

图 5.11　不同城市负荷计算结果

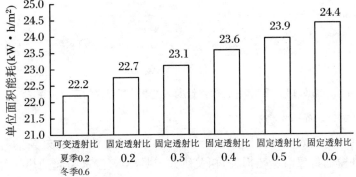

图 5.12　不同遮阳方式对建筑全年采暖制冷单位面积能耗的影响

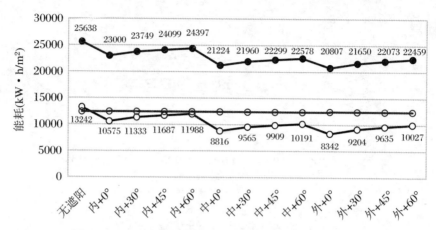

图 5.13 不同遮阳方式下的不同百叶角度的能耗计算结果

实际建筑中,固定构件式遮阳比较常见,各个朝向设置水平构件长度为60 cm、90 cm、120 cm 和 150 cm。不同朝向不同构件长度对遮阳效果影响显著,如图 5.14 至图 5.16 所示。夏季,西面和南面遮阳效果优于东面和北面,四个朝向效果排序为南＞西＞东＞北,各朝向均为遮阳板长度为150 cm时效果最明显。冬季遮阳有副作用,能耗升高显著,南面遮阳带来的能耗升高最多,西面、北面和东面差异不大。全年,西向遮阳构件为150 cm 时全年能耗最低,北面遮阳效果不显著,而南向固定遮阳由于夏季效果最好,冬季遮阳的副作用抵消了夏季遮阳的节能效果,全年节能效果没有西面显著。各个朝向均无遮阳时全年能耗最高。

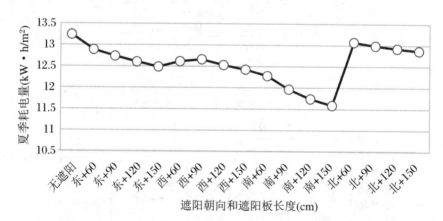

图 5.14 遮阳朝向、构件长度与夏季总耗电量的变化关系

(4) 气密性(换气次数)

气密性是保证建筑外窗保温性能稳定的重要控制性指标,外窗的气密性能直接关系到外窗的冷风渗透热损失,相关研究表明,空气渗透引起的热损失占建筑热负荷的 25%~50%。气密性等级 1 级与 8 级之间的建筑能耗差异很大,外窗气密

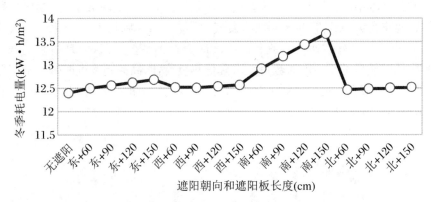

图 5.15　遮阳朝向、构件长度与冬季总耗电量的变化关系

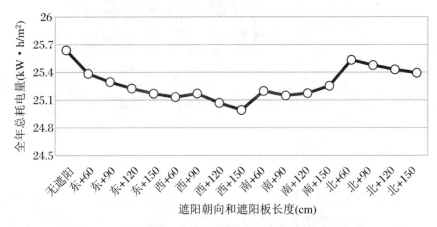

图 5.16　遮阳朝向、构件长度与全年总耗电量的变化关系

性从1级提高到8级,房间能耗可以降低25%～37%。气密性能等级越高,热损失越小,建筑节能率越低。

根据现行国家标准《建筑外窗气密性能分级及检测方法》(GB/T 7107)中规定:严寒、寒冷地区及夏热冬冷地区1～6层居住建筑的外窗及阳台门的气密性等级不应低于4级,夏热冬冷地区7层及7层以上居住建筑的外窗及阳台门的气密性等级不应低于规定的3级;夏热冬暖地区1～9层居住建筑外窗(包括阳台门)的气密性能,在10 Pa压差下,每小时每米缝隙的空气渗透量不应大于2.5 m^3,且每小时每平方米面积空气渗透量不应大于7.5 m^3;10层及10层以上居住建筑外窗的气密性能,在10 Pa压差下,每小时每米缝隙的空气渗透量不应大于1.5 m^3,且每小时每平方米面积空气渗透量不应大于4.5 m^3。

全年室内基础温度按照"≤18 ℃、18～26 ℃、≥26 ℃"3个区间统计时长,如图5.17所示。由图得到,随着换气次数的增加,冷不舒适小时数逐渐增加,热不舒适小时数逐渐减少。基于室内基础温度计算得到采暖度时数(HDH18)和制冷度时数(CDH26),如图 5.18 所示。随着换气次数增加,采暖度时数上升,换气次数≥5 h⁻¹后增速变缓,制冷度时数降低,换气次数≥1 h⁻¹后几乎无变化。换气次数 0.3~0.5 h⁻¹时全年供暖度时数和制冷度时数达到平衡,可认为是适宜的换气次数水平,此时较低的采暖度时数可显著降低热负荷,略高的制冷度时数可通过加强夏季和过渡季节自然通风来调节降低,最终实现全年节能。考虑到健康需求,换气次数取值为 0.5 次/h。

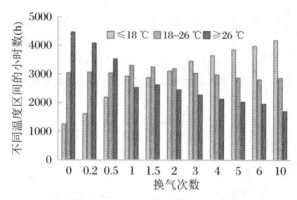

图 5.17 全年室内不同温度区间的小时数

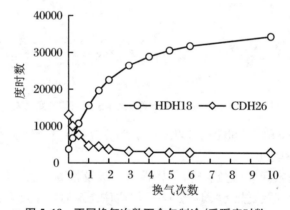

图 5.18 不同换气次数下全年制冷/采暖度时数

5.2 自然通风技术及策略

自然通风通过室内外压力差将空气引入建筑内,并在排出时带走室内热量,从而减少对机械通风和空调系统的依赖。特别是在过渡季节,通过合理的自然通风设计,可以使建筑内部保持舒适的温度和空气质量。

常见的自然通风形式包括单侧通风、穿堂风、烟囱通风和中庭通风。如图 5.19 所示,单侧通风与贯流通风是建筑内最为常见的两种自然通风形式。单侧通风常见于进深短或空间面积小的建筑空间(房间进深小于等于 2 倍房间高度),仅依靠单侧墙体通风就可满足室内空气质量要求。贯流通风常见于进深较长或空间面积较大的建筑空间。一般指建筑进风口和出风口位置不在围护结构的同一界面上,且进出风口间的距离通常应是该空间高度的 2.5 至 5 倍更易形成贯流通风。当建筑空间内部隔墙或其他分隔结构存在缝隙时,建筑内仍可形成贯流通风。

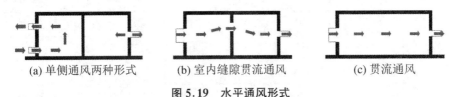

(a) 单侧通风两种形式　　(b) 室内缝隙贯流通风　　(c) 贯流通风

图 5.19　水平通风形式

烟囱通风与中庭通风作用原理如图 5.20 所示。烟囱通风又称被动风井通风,通常作为辅助自然通风手段,与其他通风形式共同调节室内环境。常用于气候潮湿地区,北方地区较少见。中庭通风又称混合通风,常见于有中庭的多层建筑空间。同烟囱通风原理相同,通常伴随着其他通风方式共同调节室内物理环境。中庭通风对建筑物理环境的调节和建筑能耗的降低有较大的积极作用,因此广泛被用于建筑的设计和改造中。建筑自然通风设计主要包括建筑朝向设计、内部空间设计和外部设计。

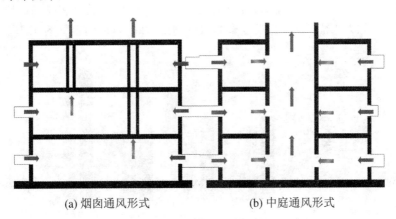

(a) 烟囱通风形式　　(b) 中庭通风形式

图 5.20　垂直通风形式

5.2.1　自然通风节能潜力

当前评价通风节能潜力主要利用风压差、建筑负荷和温度等参数,以上海、杭州、重庆三个城市为例,分析自然通风节能潜力。统计结果如表 5.6 所示。由表可知,5—10月3个城市均具有较好的自然通风应用条件,在5—10月,上海具有较好的自然通风节能潜力,尤其是5、6、10月,上海自然通风NVCP(natural ventilation cooling potential)值均在50%以上,7、8、9月上海NVCP值分别为38%、43%、35%左右。

表5.6 自然通风节能潜力对比

城市	类别	5月	6月	7月	8月	9月	10月
上海	舒适小时数(h)	413	435	179	267	230	439
重庆		191	295	343	334	220	69
杭州		151	197	309	462	281	106
	总小时数(h)	744	720	744	744	720	744
上海	NVCP	55.5%	58.5%	38.0%	43.0%	35.0%	61.0%
重庆		25.7%	41.0%	46.1%	44.9%	30.6%	9.3%
杭州		20.3%	27.4%	41.5%	62.1%	39.0%	14.2%

对于住宅建筑,28 ℃舒适温度下,上海、南京、武汉、成都非空调采暖时间延长率范围为17.7%~38%,26 ℃舒适温度下,延长14.4%~30.4%;对于办公建筑,28 ℃舒适温度下,非采暖空调时间延长11.3%~21.4%,26 ℃舒适温度下,延长非采暖空调时间范围为8.7%~16.3%。自然通风和强化自然通风策略表现为,基于室内基础温度的长江流域过渡季开窗通风、夏季夜间通风和风扇调风等适宜通风模式,可以实现部分地延长夏季非空调制冷时间,具体内容见图5.21。

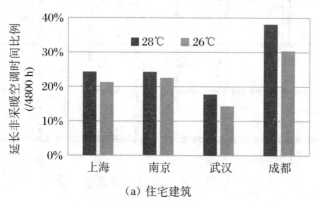

(a) 住宅建筑

图5.21 自然通风延长非供暖空调时间效果分析

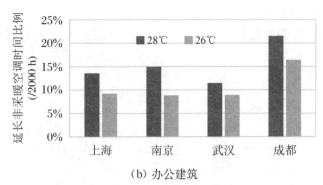

(b) 办公建筑

图 5.21 自然通风延长非供暖空调时间效果分析(续)

5.2.2 自然通风策略

建立典型居住建筑用能模型,以换气次数为表征参数,模拟计算不同换气次数下全年室内基础温度来分析室内舒适度水平和冷热需求,得到具有适合上海气候特征的房间适宜换气次数、过渡季节通风方式、夜间通风措施的通风策略,通过温湿度和能耗实测获得房间舒适和节能效果,以验证通风方式的适宜性。

1. 自然通风策略分析

上海某居住建筑,总建筑面积为 1700 m²,标准层层高 2.95 m,共 5 层。利用软件 DeST-h 计算建筑室内基础温度,换气次数变化范围为 $0\sim10\ h^{-1}$,按照 0, 0.2,0.5,1,1.5,2,3,5,6 和 10,共 10 个水平,其中,$10\ h^{-1}$ 代表着开窗换气次数。针对软件计算得到的不同换气次数水平下的全年室内建筑基础室温温度如图 5.22 所示。从数值来看,换气次数越低,室温越偏离室外温度;换气次数越高,室温越接近室外温度,当换气次数足够大时,室内和室外温度几乎重合。较低的换气次数,意味着建筑气密性较高,保温性能好,室内基础温度高,降低了冬季采用主动式设备供暖需求,但对于夏季、春夏过渡季和夏秋过渡季则会导致室内积蓄热量无法排出。

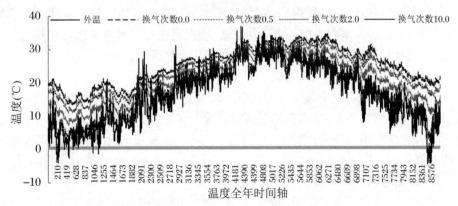

图 5.22 不同换气次数下自然通风室内基础温度全年变化趋势

(1) 过渡季节通风

选取春夏过渡季和夏秋过渡季各 1 个典型日进行室内基础温度分析,如图 5.23 和图 5.24 所示。

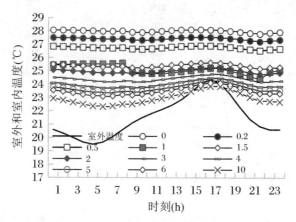

图 5.23　春夏过渡季典型日室内外温度

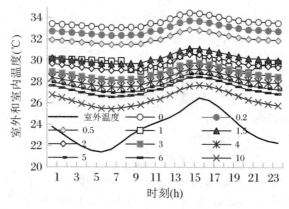

图 5.24　夏秋过渡季典型日室内外温度

从图 5.23 和图 5.24 中得到,春夏过渡季换气次数≥2 h^{-1}时,夏秋过渡季换气次数≥10 h^{-1}时,室内温度基本达到舒适,这表明在春夏过渡季进行常规自然通风即可,夏秋过渡季则需要采用适宜的手段强化自然通风。

(2) 夜间通风

如图 5.25 所示,夏季典型日的室内基础温度较平稳,换气次数越高,夜间室内温度和室外温度越接近,室内基础温度峰值低于室外温度峰值,室内基础温度谷值高于室外温度谷值。结合过渡季节通风需求,5—10 月夜间开窗通风能基本满足室内舒适度。

2. 自然通风效果实测

选取某小区位于中层中间的朝向正南典型套间 A 和 B,实测室内温湿度、耗电

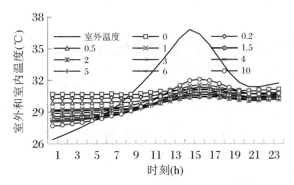

图 5.25　不同换气次数夏季典型日室内外温度

量以及室外气象参数,选择夏秋过渡季进行实测验证,将 28 ℃作为夏热冬冷地区非人工冷热源,包括自然通风状况下的热湿环境舒适度的分界线。具体测试结果见图 5.26 和图 5.27。

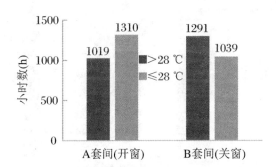

图 5.26　自然通风和关窗条件下的室内温度

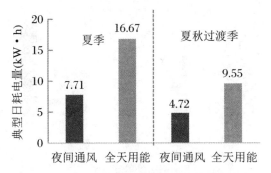

图 5.27　不同季节不同通风方式下的空调电耗

由图 5.26 和图 5.27 中看出,未开启空调时,通风房间室内热不舒适(>28 ℃)时间显著低于关窗房间,舒适时间小时数(≤28 ℃)高于无开窗通风的房间约 25.7%。典型夏季的夜间采用自然通风实现室内低于 28 ℃时,全天耗电量比全天空调降低 53.3%,典型夏秋过渡季的夜间采用自然通风实现室内低于 28 ℃时,全天耗电量比全天空调降低50.4%。

5.2.3 混合通风节能潜力量化分析

混合通风系统是指在满足热舒适和室内空气质量的前提下,自然通风和机械通风交替或联合运行的通风系统。当自然通风时,以建筑内外风压差和热压差为动力迫使室外空气通过室内带走热量,而机械通风时,主要利用机械动力(一般是通风机)迫使室外空气流经室内带走热量。

1. 混合通风节能潜力

图5.28给出了典型住宅建筑混合通风的最大节能潜力,以28 ℃作为混合通风的舒适温度时,居住建筑延长非供暖空调时间比例为15.0%~36.0%,办公建筑延长非供暖空调时间比例为11.4%~21.4%。

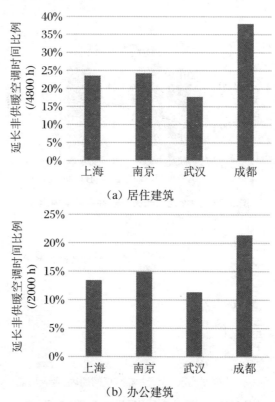

(a) 居住建筑

(b) 办公建筑

图5.28 混合通风延长非供暖空调时间效果分析

2. 混合通风应用策略

上海市某在建办公建筑,建筑面积为2.3万 m^2,该建筑中央空调系统主要使用多联机+新风系统运行,运行时间为工作日8:00—18:00。为提高通风舒适性,在利用自然通风的同时,参考室内热舒适温度上限值,设定当室内温度高于26 ℃时,开启机械通风,自然通风和机械通风混合运行。混合通风热舒适小时数及节能潜力统计见表5.7。

采用混合通风后,每月人体热舒适小时数有所上升,为综合对比基础渗透风、自然通风、混合通风三者之间热舒适的变化,对三者工作时间内NVCP变化趋势加以对比分析,如图5.29所示,采用混合通风后,延长了非空调制冷时间,同时热舒适小时数得到了较大提高,其中5月、6月、10月效果最为明显。

表5.7 目标建筑工作时间混合通风热舒适小时数及节能潜力统计(上海)

通风方式	类别	5月	6月	7月	8月	9月	10月
混合通风	舒适小时数(h)	134	81	29	14	48	160
	总小时数(h)	341	330	341	341	330	341
	NVCP	39.3%	24.5%	8.5%	4.1%	14.5%	46.9%

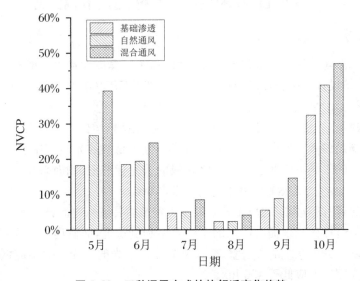

图5.29 三种通风方式的热舒适变化趋势

量化分析混合通风对过渡季节非空调制冷时间的延长能力,记为$P_{\text{hybrid ventilation}}$,其定义如下:

$$P_{\text{hybrid ventilation}} = \frac{\text{混合通风时间延长的舒适时间}}{\text{需要空调的所有工作时间}} \quad (5.1)$$

计算$P_{\text{hybrid ventilation}}$,结果汇总于表5.8。

由表5.8可知,该研究目标建筑混合通风总体可延长过渡季节非空调工作时间15.8%。在利用自然通风的同时,参考室内热舒适温度上限值,设定当室内温度高于26 ℃时,开启机械通风、自然通风和机械通风混合运行。

表 5.8　混合通风延长非空调时间统计表

项目	5月	6月	9月	10月
总需要空调小时数	279	269	312	231
混合通风后舒适小时数	72	20	30	50
$P_{hybrid\ ventilation}$（每月）	25.8%	7.4%	9.6%	21.7%
$P_{hybrid\ ventilation}$（总体）	15.8%			

由于上海地区空气湿度较高，而空气湿度过高对自然通风情况下的热舒适有不利影响，以相对湿度 70%～80% 作为开窗通风的控制项，计算得到适宜通风的时间减少 42%～75%，因此能实现的延长非供暖空调时间比例显著降低，部分城市需要通过利用自然能源进一步延长非空调时间。

5.3　自然采光设计对能耗的影响

不同类型建筑采光需求各异，建筑设计和能耗模拟设置时一般参考当地的建筑法规、建筑设计规范。在《建筑采光设计标准》(GB 50033—2013)中规定了各种常见建筑类型的采光需求(表 5.9)，以住宅建筑、商业建筑、教育建筑为例：

住宅建筑：通常需要提供足够的自然采光，以确保居住者的舒适感和健康。采光面积应满足白天在没有人工照明的情况下提供足够的光照。住宅建筑的卧室、起居室(厅)的采光不应低于采光等级Ⅳ级的采光标准值，侧面采光的采光系数不应低于 2.0%，室内天然光照度不应低于 300 lux。

商业建筑：商业建筑的采光需求可能因建筑的具体用途而异。如，办公楼可能需要更多的自然光线来提高员工的工作效率和舒适度，而商店可能需要考虑展示产品的需求。办公建筑的办公室、会议室的侧面采光的采光系数不应低于 3.0%，室内天然光照度不应低于 450 lux。

教育建筑：教室、图书馆等教育建筑需要足够的采光来支持学生的学习和活动，以确保学生和教职员工的舒适度和视觉健康。如，普通教室的采光不应低于采光等级Ⅲ级的采光标准值，侧面采光的采光系数不应低于 3.0%，室内天然光照度不应低于 450 lux。

自然采光设计优劣直接影响建筑照明能耗和空调能耗的大小，自然采光设计通常包括窗洞口设计、形体设计、遮阳设计以及室内设计四种方式。

表5.9 不同建筑类型采光标准值

建筑类型	场所名称	侧面采光 采光系数标准值	侧面采光 室内天然光照度标准值（lux）	顶部采光 采光系数标准值	顶部采光 室内天然光照度标准值（lux）
住宅建筑	卧室、起居室、厨房	2%	300	—	—
	卫生间、过道、楼梯间	1%	150	—	—
教育建筑	教书、实验室、办公室	3%	450	—	—
	走道、楼梯间、卫生间	1%	150	—	—
医疗建筑	诊室、药治疗室、化疗室	3%	450	2%	300
	办公室、候诊室、综合大厅	2%	300	1%	150
	走道、楼梯间、卫生间	1%	150	0.5%	75
办公建筑	设计室、绘图室	4%	600	—	—
	办公室、会议室	3%	450	—	—
	复印室、档案室	2%	300	—	—
	走道、楼梯间、卫生间	1%	150	—	—
旅馆建筑	会议室	3%	450	2%	300
	大堂、客房、餐厅、健身房	2%	300	1%	150
	走道、楼梯间、卫生间	1%	150	0.5%	75
图书馆	阅览室、开库书架	3%	450	2%	300
	目录室	2%	300	1%	150
	走道、楼梯间、卫生间、书库	1%	150	0.5%	75
博物馆	文物修复室、标本制作室	3%	450	2%	300
	陈列室、展厅、门厅	2%	300	1%	150
	走道、楼梯间、卫生间、库房	1%	150	0.5%	75

第 6 章　DesignBuilder 建筑能耗分析软件

6.1　DesignBuilder 软件概述

DesignBuilder 是英国 DesignBuilder Software Ltd. 公司以 EnergyPlus 作为计算引擎开发的一款针对建筑能耗动态模拟的计算软件，由于 DesignBuilder 采用了 OpenGL 固体建模器，其操作界面与 EnergyPlus 相比更为简洁（详见图 6.1），直观的用户界面和丰富的功能使得软件易于被学习和使用。经过 ASHRAE Standard 140P 的对比测试，DesignBuilder 的模拟结果非常精确，为用户决策提供可靠依据。

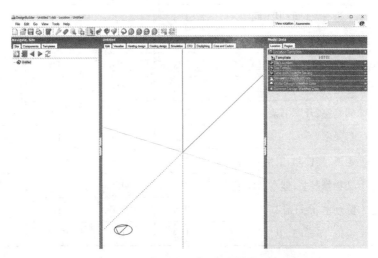

图 6.1　DesignBuilder 能耗模拟软件操作界面

DesignBuilder 是一款专业的建筑能源模拟和性能分析软件，旨在帮助建筑设计师、能源顾问和工程师等专业人士评估建筑的能源消耗、室内舒适度、照明、采暖、通风等方面的性能。其强大的功能和直观的用户界面使得用户能够轻松地进行建筑模型创建、参数设定、模拟运行和结果分析，支持多种建筑模型，适用于不同类型的项目需求。

DesignBuilder 提供了强大的建筑建模功能，用户可以选择使用软件自带的建模工具，也可以将现有的 CAD 图纸导入软件中进行进一步的建模，这种多样化的选择确保了用户可以根据实际需求来进行建模，从而提高了工作效率和建模的准确性。DesignBuilder 采用公制单位，因此不需要用户在建模过程中进行单位转换，使用更加方便。此外，软件还内置了大量的围护结构参数模板供用户选择，同时 DesignBuilder 也提供了自定义模板的功能供使用者自定义，可以布置不同的围护结构。DesignBuilder 允许用户根据不同地区的气象数据条件，设置各种气象基本参数，用户可以通过准确地输入这些建筑参数信息对建筑进行能耗计算，包括全年制冷能耗和全年制热能耗等大量数据信息，提供全面的建筑性能评估，满足用户对数据的多样化需求。

随着建筑节能和可持续发展的不断推进，对建筑能源模拟和性能分析工具的需求将会持续增加。DesignBuilder 作为一款功能强大、易于使用的软件，将在未来的发展中继续发挥重要作用。其可能的未来发展方向包括增加对新能源技术的支持、提高模拟精度和效率、拓展应用领域等。DesignBuilder 软件的一些典型用途范围包括：

（1）计算各种设计方案对建筑能耗的影响。
（2）评估建筑立面的视觉外观。
（3）自然通风下的建筑热模拟。
（4）计算自然采光下的灯光能耗。
（5）通过 Radiance 和 Daysim 模拟预测自然日光分布。
（6）建筑场地布局和遮阳的可视化。
（7）计算加热和冷却设备的尺寸。
（8）使用 CFD 对 HVAC 和自然通风系统进行详细仿真和设计，包括送风分布对房间内温度和速度分布的影响。
（9）提供 ASHRAE 90.1 和 LEED 能源模型。
（10）基于建筑成本、公用事业成本和生命周期成本（LCC）的经济分析。
（11）英国、爱尔兰和法国的建筑法规和认证报告。
（12）具有多个目标、约束和设计变量的设计优化。
（13）生命周期分析（LCA）。

6.2 DesignBuilder 软件相关参数

DesignBuilder 软件的参数设置包括了"Activity""Construction""Opening""Lighting"和"HVAC"共 5 个参数模块（图 6.2）。

可以通过单击"Activity"模块下的"Sector"选项，然后单击"…"来加载通用活

图 6.2 参数模块

动数据在行的右侧(图 6.3),用于选择不同的活动模块。当选择了活动模块时,该模块的数据也将加载到模型当中。

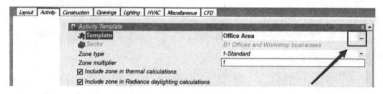

图 6.3 活动模块

在"Zone type"模块共用 4 个不同的选项(图 6.4),分别是"Standard""Semi. exterior unconditioned""Cavity"和"Plenum"。"Standard"即表示标准区域,可被 HVAC 系统加热或冷却。"Semi. exterior unconditioned"表示该区域无人居住,既不加热也不冷却,位于主建筑围护结构之外,且无空调空间的例子包括屋顶空间。"Cavity"表示该区域是一个狭窄的垂直空腔,例如双立面或 Trombe 墙内的玻璃空腔。"Plenum"代表该区域是一个无人居住的增压室,没有加热、冷却或机械通风。

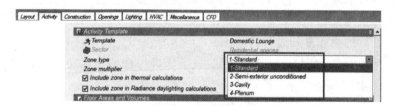

图 6.4 Zone type 模块

室内人员的在室率可以在"Activity"选项卡下的"Occupancy"模块(图 6.5)中进行参数化设置计算,该模块还包含了"Metabolic""Clothing""Comfort Radiant Temperature Weighting"和"Air Velocity"四个子模块选型。

在软件中室内人员参数的计算采用单位建筑面积的人数进行计算,其单位是"people/m^2",若采用人均建筑面积法进行计算,即为上述单位的倒数。可以通过"Schedule"选项来控制每个时间步内的人员参数,使用"0"表示该时间段内的空位状态,且每平方米内的人数为所设置的单位建筑面积的人数×Schedule 值。可以通过"Metabolic"模块对人体代谢率进行参数化设置,DesignBuilder 默认代谢数据源自 ASHRAE 数值,其中数值 1 表示男性,0.85 表示女性,0.75 表示孩童,当各类人群混合时,可以取平均值代替。"Clothing"模块可以对人体的服装热阻进行设置,其单位是"Clo",不同服饰的热阻值也不同,热阻值的计算以全身服饰的热阻

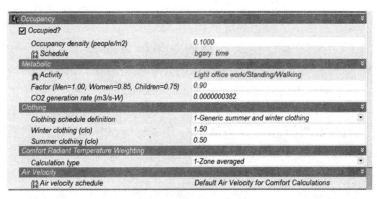

图 6.5 Occupancy 模块

值总和进行计算,不同服饰的热阻值如表 6.1 所示。"Comfort Radiant Temperature Weighting"模块是用于计算辐射温度的舒适性计算,该模块下有 2 种计算方法,其中方法 1 是计算标准平均辐射温度,方法 2 是用于计算每个区域中靠近最大窗口的辐射温度。"Air Velocity"模块可以用于定义空间中空气的时变速度(以 m/s 为单位)。默认时间表给出的恒定风速为 0.137 m/s,对于具有混合风扇或大量 HVAC 空气输送的房间也可以设置更高的值进行参数化设置。

表 6.1 不同服饰的热阻

服 饰	热阻(Clo)
内裤	0.06
T恤	0.09
女性内衣	0.05
长内衣	0.35
短袖	0.14
长袖	0.29
裙子	0.22~0.7
裤子	0.26~0.32
毛衣	0.2~0.37
袜子	0.04~0.1
轻便夏装	0.3
工作服	0.8
典型冬季室内服饰	1.0
厚重西服	1.5

在"Construction"模块下可以对建筑的墙体和屋顶进行参数化设置,其中"External wall"表示外部相邻的墙的构造,"Below grade walls"表示与地面相邻的墙体,"Flat roof"表示建筑外部的水平屋顶或者水平面。"Pitch roof (occupied)"结构适用于出现在占用区域的外部倾斜表面,在寒冷的气候下,这种结构通常包括反射热绝缘层。"Pitch roof (unoccupied)"结构适用于出现在半外部无条件区域的外部倾斜表面,这种结构通常不包括任何反射热绝缘层。"Internal partitions"结构定义了内部隔断(用于将块划分为区域的墙)和块间隔断(与其他块共享的内墙)的构造,通常理解为建筑的内墙。

如图6.6所示,通过选择各个模块后面的"…"选项,对各部分墙体和屋顶进行参数化设置,此过程中可以选择软件自带的材料数据库进行参数设置,也可以自定义墙体参数进行设置,若需进行材料自定义,需选择图6.7(a)方框中的复制选项卡并进行材料的创建命名。如图6.7(b)所示,若已知材料的层数和具体参数,可以此结构进行逐层布置,若仅知道其传热系数,可以通过"Set U.value"选项卡进行传热系数的设置,软件会根据所填参数自动对各层材料的厚度进行计算设置。

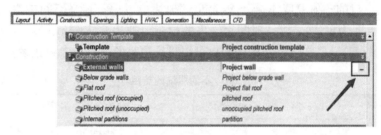

图6.6　Construction模块

建筑的外窗在DesignBuilder软件中有2种方法进行布置,方法1如图6.8(a)所示,在"Openings"模块中对外窗进行参数化设计,其中"Glazing type"选项可以对玻璃的种类进行选择,其中包括了单层玻璃、双层玻璃和光伏玻璃等玻璃种类,并且可以通过对选择的玻璃种类进行自定义设置,其操作布置如外墙的自定义设置相同。在"Dimensions"选项卡下可以对窗户的尺寸和布局进行参数化设置,其中窗墙比的设置可被用于更改建筑物层次结构中当前水平或以下的所有玻璃量。窗户的高度和宽度是包含了其框架尺寸,立面上每个窗户之间的间距(以m为单位),表示的是以窗口之间的中心间距,而不是窗口之间的间距。窗槛高度表示的是窗户底部与"block"底部之间的高度。

如图6.8(b)可以对外窗进行自定义设置,其方法包括"Material layers"和"Simple"两种方式,"Material layers"模式可以通过设置玻璃的层数,并对每层玻璃的材料进行具体的材料参数设置。"Simple"模式是通过对整个外窗进行参数化设置,而并不是对其逐层材料进行设置,在"Simple"模式下可以对外窗的太阳得热系数、透光率、传热热系数进行参数化设置。

外窗的绘制也可以通过方法2进行绘制,如图6.9所示,找到需要编辑的

(a)

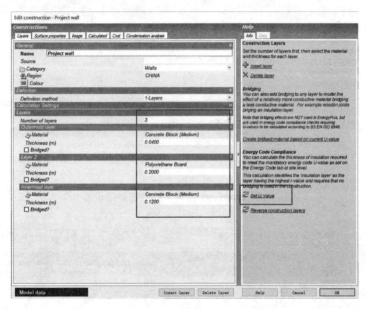

(b)

图 6.7 自定义建筑材料(续)

"Zone"层级,并在该层级下找到需要编辑的墙体,这时选择"Layout"模块并选择窗户选项,即可以在所选墙体上自定义窗户的位置和尺寸,窗户的材料编辑可以在所选"Zone"层级下找到对应墙体中的窗户,选择窗户的同时点击"Opening"选项卡,即可以对相应窗户的材料进行参数化设置。

窗帘的遮阳方式可以在"Shading"模块下的"Position"选项卡进行参数化设置,如图 6.10 所示,窗帘的遮阳方式分为三种,"Inside"是指窗帘在玻璃的内部,"Outside"是指窗帘相对于玻璃在外部,而"Mid-pane"是指窗帘位于玻璃中间,通常运用于多层玻璃。

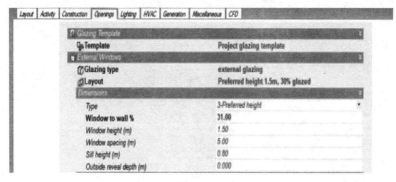

(a)

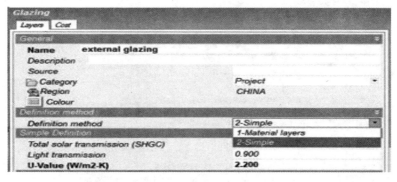

(b)

图 6.8　Openings 模块中的外窗参数设置

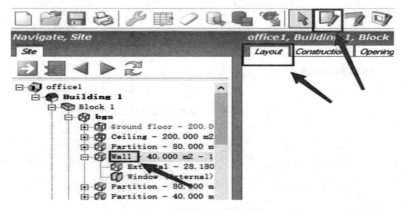

图 6.9　自定义窗户位置

建筑的照明参数设置如图 6.11 所示，在"Lighting"模块下进行供给照明的设置，既可以通过"Template"选项卡中选择不同的场所，软件对所选场所进行自动参数设置，也可以通过默认"Reference"选项，并在下方的"General Lighting"选项卡

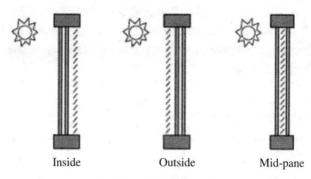

图 6.10 窗帘遮阳方式

可以对灯光参数进行自定义设置,如图 6.11(a)所示,自定义为所选区域的灯光照明功率是 9 W/m²。照明的开启和关闭可以在"Schedule"选项卡中进行参数化设置。由于灯光的开启会产生热量,最终表现为空气的热量增益,在软件中灯光产生的热量与"Return air fraction""Radiant fraction"和"Visible fraction"三个参数相关联,且这三个参数受到灯光的安装方式影响,不同的安装方式会对应不同的参数,具体的对应参数如表 6.2 所示。

表 6.2 灯光安装方式

	悬挂安装	表面安装	嵌入式安装	在天花板中安装	在回风管中安装
Return air fraction	0.0	0.0	0.0	0.0	0.54
Radiant fraction	0.42	0.72	0.37	0.37	0.18
Visible fraction	0.18	0.18	0.18	0.18	0.18

建筑灯光的参数需求可以在"Activity"模块下进行参数化设置,选择"Activity"模块下的"Lighting"选项卡,如图 6.11(b)所示,所选区域的灯光需求为 300 lux。

建筑中的空调参数设置可以在"HVAC"模块中进行相关参数设置,如图 6.12 所示,可以通过选择"Template"选项卡对不同的空调种类进行选择,其中包括了燃气供热、地源热泵、空气源热泵等多种空调系统,图 6.12 中所展示的即为分体式空调系统,在"Heating"和"Cooling"模块中可分别对供给能源进行选择,其中包含了天然气、石油、煤炭等多种能源,图中展示的是电力能源,同时需对空调的 COP 进行设置,需要注意的是不同空调系统的 COP 会有所改变。

空调的启动和关闭时间需设置时间表进行布置,且"Heating"和"Cooling"的空调运行时间如果不同需根据供暖季和制冷季设置不同的时间表,图 6.13 展示了供暖季节的空调控制时间表。

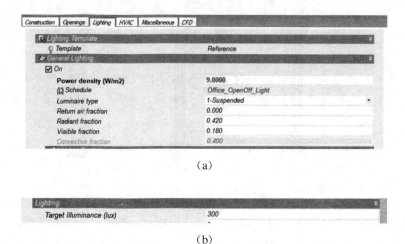

(a)

(b)

图 6.11 照明设置

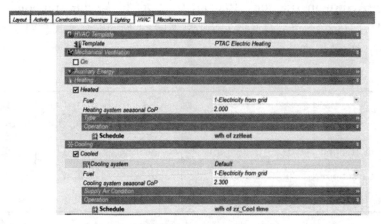

图 6.12 HVAC 设置

如图 6.13 所示,该时间表划分成了三部分,由于软件的默认启动日期是 1 月 1 日,所以图 6.13(a),表示的是 1 月 1 日到 3 月 5 日的时间表布置,需要注意的是在设置空调时间表时,对所需控制的时间段中需打上"WinterDesignDay"或"SummerDesignDay"使得软件可以识别时间,空调的开启用"1"表示,关闭则用"0"表示,则图 6.13(a)中表示了工作日 8 点至 18 点对空调开启,而对于这段时间内的其他时间的空调是处于关闭状态,而方框图 6.13(b)中时间则表示 3 月 6 日到 12 月 4 日,该空调的供热是处于关闭状态,图 6.13(c)中 12 月 5 日到 12 月 31 日空调的供热继续处于开启状态,整个时间表需是一个连续的时间表。对于夏季的供冷时间步骤如此相同。

```
Schedule:Compact,
Office_OpenOff_Heat,
Temperature,
Through: 3/5,
For: Weekdays WinterDesignDay,
Until: 08:00, 0,
Until: 18:00, 1,
Until: 24:00, 0,
For: Weekends,
Until: 24:00, 0,
For: Holidays,
Until: 24:00, 0,
For: AllOtherDays,
Until: 24:00, 0,
```

(a)

```
Through: 12/4,
For: Weekdays SummerDesignDay,
Until: 05:00, 0,
Until: 19:00, 0,
Until: 24:00, 0,
For: WinterDesignDay,
Until: 24:00, 0,
For: Weekends,
Until: 24:00, 0,
For: Holidays,
Until: 24:00, 0,
For: AllOtherDays,
Until: 24:00, 0,
```

(b)

```
Through: 12/31,
For: Weekdays WinterDesignDay,
Until: 08:00, 0,
Until: 18:00, 1,
Until: 24:00, 0,
For: Weekends,
Until: 24:00, 0,
For: Holidays,
Until: 24:00, 0,
For: AllOtherDays,
Until: 24:00, 0;
```

(c)

图 6.13 空调制热时间表

建筑室内的温度设置可在"Activity"模块下的"Environmental Control"模块进行参数化设置,如图6.14所示,表示的是冬季制热温度为20 ℃,夏季制冷温度是26 ℃,若所选空调有回风,也可以输入相应的回风温度,若没有回风温度,在冬季需要输入一个比该地区冬季室外更低的温度,夏季输入一个比室外温度更高的温度,用于关闭软件的回风计算。

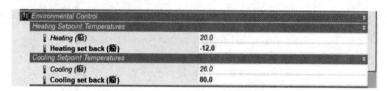

图6.14　室内温度控制

6.3　DesignBuilder建筑能耗分析工作流程

以某办公建筑为例说明建筑能耗分析的工作流程。打开DesignBuilder软件的工作平台,如图6.15所示先点击软件左上方的空白文档,在弹出的对话框中选择"Location"模块,并点击"…"用于选择模拟项目的地点参数,软件会自动加载所选地点的气象参数。

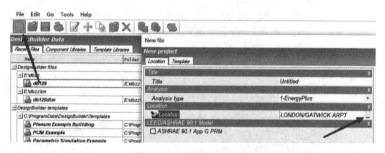

图6.15　新建项目文档

利用DesignBuilder软件对该建筑底图进行了二维和三维模型的建立。先根据CAD底图进行二维围护结构的绘制,逐步绘制出了建筑的平面结构,随着二维结构的封闭,DesignBuilder会根据预设的高度尺寸生成三维模型,继续利用DesignBuilder软件对建筑采用逐层叠加的方式进行三维绘制,以确保模型的准确性和完整性。为了更详细地描述建筑的特征和模型数据,如表6.3中列出的建筑模型数据。基于这些建筑尺寸的基本数据,绘制建筑的轴测模型图(图6.16)。

表6.3 基准建筑模型数据

名　称	对应数值
建筑平面规格	58 m×45 m
建筑层高	4 m
坡屋顶角度	28°
单层平面面积	2610 m²
建筑层数	3层
建筑窗墙比	0.31
建筑总面积	7830 m²

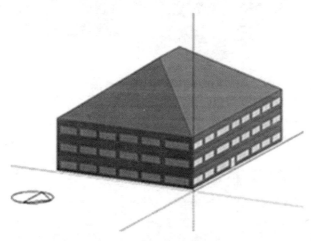

图6.16 建筑模型轴测图

在考虑到办公建筑普遍特征的基础上,将每层的施工图进行了简化处理,然后导入到DesignBuilder的建模模块中。这座建筑是一座典型的办公建筑,内部设有办公室、休息室、会议室、设备用房等多个功能区,以满足各种工作需求。考虑到建筑的较大占地面积和复杂的能耗情况,需要特别细致地处理每层的建筑结构。图6.17展示了各层的建筑结构示意图,而图6.18则展示了建筑的平面布局图。

建筑所在地为安徽合肥地区,属于夏热冬冷地区,围护结构参数依据DB 34/5076.2017《安徽省公共建筑节能设计标准》,其建筑面积大于300 m²,但是小于10000 m²,属于甲二类公共建筑,该标准针对不同类型公共建筑提供了相应围护结构的热工限值,如表6.4所示。

(a) 一层建筑结构图

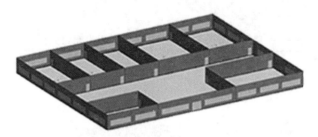

(b) 二层和三层建筑结构图

图6.17 各层建筑结构图

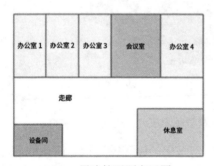 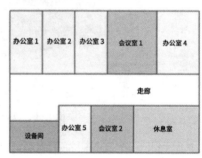

(a) 一层建筑平面布局图　　　　　(b) 二层和三层建筑平面布局图

图6.18 建筑平面布局图

在此次模拟过程中建筑所采用的建筑围护结构的热工性能如表6.5所示，为了方便在DesignBuilder中进行参数化设置，其中屋面、外墙、层间楼板采用Set U. Value 模式，外窗采用simple模式，对比表6.4规范中围护结构的热工限值，基准建筑围护结构的热工参数均符合需求。

人员、设备、照明和空调参数对建筑能耗的影响是非常广泛的，它们在建筑运行中起着至关重要的作用。因此，通过精心调整人员活动、设备使用、灯光类型和空调设置等因素，可以更准确地评估建筑的能源消耗。

表6.4　甲二类公共建筑围护结构热工限值

围护结构部位		传热系数[W/(m²·K)]	
屋面		≤0.4	
外墙		≤0.6	
层间楼板		≤1.8	
外窗		传热系数[W/(m²·K)]	得热系数SHGC
单一朝向外窗	窗墙面积比≤0.2	≤2.6	—
	0.2≤窗墙面积比≤0.3	≤2.6	≤0.44
	0.3≤窗墙面积比≤0.4	≤2.6	≤0.40
	0.4≤窗墙面积比≤0.5	≤2.6	≤0.35

表6.5　基准建筑围护结构热工参数

围护结构部位		传热系数[W/(m²·K)]	
屋面		0.4	
外墙		0.5	
层间楼板		1.5	
外窗	窗墙比	传热系数[W/(m²·K)]	得热系数SHGC
	0.31	2.1	0.36

(1) 人员、设备、照明参数

办公建筑与其他类型建筑有所不同,主要体现在长时间的工作周期和人员活动的频繁性上,且办公建筑包含较多的功能区。在办公时间内,人员的活跃度较高,工作区域通常密集布置着办公桌、会议室和设备,如电脑、打印机等。这些因素导致了办公建筑内部负载的持续增加,对能源消耗产生明显的影响,由于办公建筑需要保持良好的照明条件以提高工作效率和舒适性,因此,照明系统的能源消耗也相对较高。对于建筑的这些功能区相关参数设置,《近零能耗建筑技术标准》(GB/T 51350—2019)对办公建筑进行了相关参数规定,由于建筑设有多个不同的功能区,各房间功能不同,人员密度和照明功率都有区别,参照此标准对各房间人员与照明和设备功率进行参数设定,办公建筑需保证室内光照达到300 lux,灯光采用软件中的Linear/off模块控制,具体的参数规定如表6.6所示。

表6.6 人员、设备与照明参数设定

功能分区	人均占地面积(m²)	人员在室率	设备功率密度(W/m²)	设备使用率	照明功率密度(W/m²)	照明开启时长(h/月)
办公室	10	32.7%	13	32.7%	9	240
会议室	3.33	16.7%	5	61.8%	9	180
休息室	3.33	16.7%	0	0.0%	5	150
大堂门厅	20	33.3%	0	0.0%	5	270
设备用房	0	0.0%	0	0.0%	5	0

(2) 室内温度与空调设定

建筑为办公建筑,办公建筑的工作时间为 8:00—18:00,根据《民用建筑供暖通风与空气调节设计规范》(GB 50736—2012),查询其中对该地区关于办公建筑新风量的设计要求,对基准建筑的大堂门厅设置新风量为 10 m³/(h·人),办公室、会议室设置新风量为 30 m³/(h·人),冬季衣服热阻为 1.5 Clo,夏季衣服热阻为 0.5 Clo。冬天室内的设计温度为 20 ℃,夏季室内设计温度为 26 ℃。

为了便于进行能耗计算,本文采用了 DesignBuilder 软件中关于 HVAC 系统的默认计算模块。基准建筑所采用的是分体式空调系统,其日运行时间与办公建筑的工作时间一致。在合肥地区,供暖季定为每年的 12 月 5 日至次年的 3 月 5 日,而制冷季则从 5 月 1 日持续至 9 月 30 日。过渡季则分为 3 月 6 日至 4 月 30 日以及 10 月 1 日至 12 月 4 日。空调的启动时间将根据供暖季和制冷季的时间来进行运行。当对建筑的参数化设置完成之后,即可点击图 6.19 中的"Simulation"选项,对建筑的设置参数进行计算分析。

图 6.19 Simulation 选项

计算完成后,在计算界面的左下方选项卡中,如图 6.20 所示,选择"6. Fuel breakdow"选项卡即可展示所模拟建筑的能源消耗,在"Interval"选项中可以选择以小时、天、月、年等时间来表示计算结果。"Show as"选项中可以选择以图形或者图表的形式来展示计算结果。

如图 6.21 所示,该建筑的能耗结果是以月份为单位进行记录的,并是以表格的形式进行展示的,选择图 6.12 中的方框即可将计算数据结果导出,该结果分别记录了建筑的设备能耗、灯光能耗、制热能耗和制冷能耗。

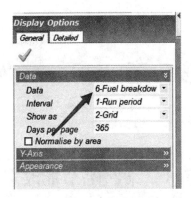

图 6.20　能耗结果分析

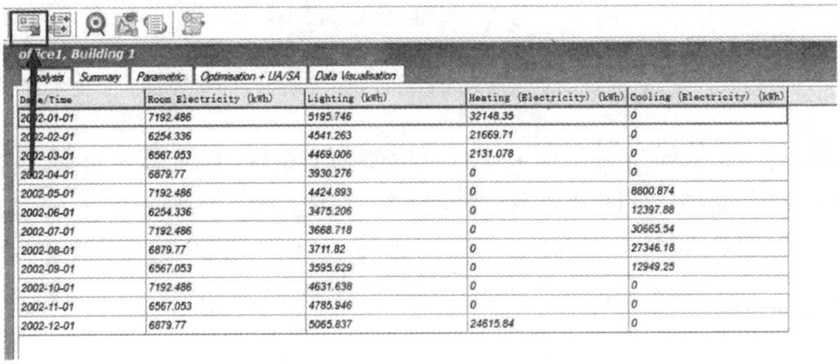

Date/Time	Room Electricity (kWh)	Lighting (kWh)	Heating (Electricity) (kWh)	Cooling (Electricity) (kWh)
2002-01-01	7192.486	5195.746	32148.35	0
2002-02-01	6254.336	4541.263	21669.71	0
2002-03-01	6567.053	4469.006	2131.078	0
2002-04-01	6879.77	3930.276	0	0
2002-05-01	7192.486	4424.893	0	8800.874
2002-06-01	6254.336	3475.206	0	12397.88
2002-07-01	7192.486	3668.718	0	30665.54
2002-08-01	6879.77	3711.82	0	27346.18
2002-09-01	6567.053	3595.629	0	12949.25
2002-10-01	7192.486	4631.638	0	0
2002-11-01	6567.053	4785.946	0	0
2002-12-01	6879.77	5065.837	24615.84	0

图 6.21　能耗结果展示

第7章 案　例

7.1 某医院节能改造

7.1.1 建筑概述

某医院是一所精神专科医院,占地面积约为 8×10^4 m²,建筑面积为 59694 m²,拥有心理康复住院楼、精神卫生楼、科教楼、门诊大楼、心理保健中心及后勤综合楼,设有 20 个病区,37 个行政科室。年门急诊人次近 40 多万,开放床位 1280 张,年住院病人 2 万余人次。该医院于 2019 年 7 月开始节能改造,2020 年 4 月完成改造。项目实景见图 7.1。

图 7.1　某医院大楼

7.1.2 改造模式

项目由该医院自筹资金,自行改造。根据项目实际情况以及业主要求设计节能方案进行节能改造,改造内容主要涉及锅炉系统、太阳能热水系统和建筑能耗监测系统三个方面。

7.1.3 节能诊断

1. 用能分析

该医院主要能源包括电、水、天然气,2019 年的能耗数据统计分析结果见表 7.1,结果表明建筑 2019 年能源消耗总量为 1058.86 tce,2019 年医院全年用能人数 6217 人,全年住院人数 126000 人,单位面积常规能耗指标为 17.74 kgce/(m^2·年),人均能耗指标为 170.32 kgce/(人·年)。

表 7.1 2019 年某医院主要能源消耗总量及能耗结构

建筑面积(m^2)		59694		用能人数(人)	6217
年门诊人数(人)		420000		年住院人数(人)	126000
能源种类	使用量(万)	折算标准煤		单位建筑面积综合能耗	17.74 kgce
		tce	占比		
天然气	41.7191	554.86	52.40%	人均能耗	170.32 kgce
电	410.086	504.00	47.60%	综合能耗	1058.86 kgce
水	34.4095			人均水耗	55.35 t/人
合　计		1058.86	100%	—	

由能源统计表可看出,医院改造前全年天然气消耗量占比较大,具有较大改造潜力。

2. 用能诊断

(1) 供暖和生活热水系统

改造前医院供热由两台蒸汽锅炉提供,通过锅炉产生蒸汽输送至食堂、各栋楼生活热水系统、洗衣房,各栋楼换热设备进行二次换热。

锅炉系统使用年限过久,存在锅炉烟气、冷凝水未进行热回收、管道保温脱落、庭院管网过长等问题。科研楼、心理保健楼出现蒸汽直接进入水箱加热情况,存在极大的浪费和安全隐患。

(2) 可再生能源系统

目前医院未采用任何形式的可再生能源系统,屋面可利用面积较大,拟在屋面增设太阳能热水系统和空气源热泵系统。

(3) 节水系统

改造各医院各区病房淋浴、冲洗、卫生间等未采取任何节水控制措施的区域,拟增加智能 IC 卡和节水控制系统。

(4) 能源计量

建筑水电计量器具相对齐全,能源计量基本满足建筑能源分项统计的需求。但由于所用表具全部为传统的手抄电表,需要物业电工定期进行人工抄表,工作量大且统计、分析误差较大。

7.1.4 改造方案

1. 生活热水系统

废除医院原天然气锅炉系统,采用太阳能光热+空气源热泵系统代替。在国家碳达峰、碳中和的大背景下,充分利用清洁能源,降低能耗。夏季,空气源热泵系统基本处于休眠状态,太阳能热水系统满足住院楼热水需求负荷。冬季,自来水首先经过太阳能加热,然后进入集热水箱空气能加热,晴朗天气,进水温度可提高10多度。同时,控制出水温在55 ℃左右,既能满足患者的正常使用,又可以避免因水温过高烫伤的风险。实现了24小时热水供应,为避免资源浪费,配合刷卡取水系统使用,在延长热水供应时间的基础上,提升了节能空间。项目太阳能光热、空气源热泵系统应用见图7.2。

图 7.2 太阳能光热、空气源热泵系统

2. 建筑能耗监测系统

各区域耗能采用手机软件远程监控,每个区域的用水量、用电量形成日报、月报、年报自动统计,每月由工作人员进行耗能分析。实时水温及水量,手机软件24小时监控。能耗监测系统见图7.3。

图 7.3　能耗监测系统

7.1.5　改造效果

医院节能改造于 2020 年全部竣工并投入运行,节能改造前后能源消费统计见表 7.2。

表 7.2　节能改造前后耗能情况分析表

能耗名称	2019 年使用量	2020 年使用量	对比量
水(t)	344095	249495	-94600
电(kW·h)	4100860	4132320	+31460
气(m³)	417191	67102	-350089

节约用水 9.46×10^4 t,同比下降 27.49%,节约用气 3.5×10^5 m³,同比下降 83.91%,用电量增加 3.1×10^4 kW·h,同比上升 0.77%。节能改造前后耗能支出情况见表 7.3。

由表 7.3 可以看出:用水支出减少 28.39 万元,用电支出减少 1.83 万元,天然气支出减少 165.55 万元。2020 年医院能耗支出总体减少 195.79 万元。

根据三级公立医院绩效考核指标,医院 2018—2020 年万元收入能耗支出和收入见表 7.4。

表 7.3　节能改造前后耗能支出情况分析表

能耗名称	2019 年金额(元)	2020 年金额(元)	对比量(元)
水	1058015	774033	-283982
电	2783465	2765069	-18396
气	1907110	251632	-1655478
合计节约能耗支出			-1957856

表 7.4　2018—2020 年万元收入能耗支出

年份	年总能耗支出(kgce)	年总收入(万元)	万元收入能耗支出
2018	1078.23	29125.243617	0.037020463
2019	1017.2	33175.475539	0.030661203
2020	618.49	34930.796413	0.017706152

2020 年医院万元收入能耗支出较 2018 年下降 51.35%,较 2019 年下降 41.94%,由数据可以看出,2020 年医院节能降耗的改造效果显著。2019 年、2020 年能源消耗对比见表 7.5。

表 7.5　2019 年、2020 年两年能源消耗标准煤比较

年份	综合能耗(kgce)	单位建筑面积综合(kgce)	人均能耗(kgce)	人均水耗(t/人)
2019	1017.20	17.74	170.32	55.35
2020	618.49	10.00	97.57	40.77
增长值	-461.75	-7.74	-72.75	-14.58
增长率	-43.61%	-43.63%	-42.71%	-26.34%

空气能热泵及太阳能投入使用后,可以满足全院热水供应,完全取代了原有燃气蒸汽锅炉的用途。经医院所在市市场监督管理局同意,医院拆除 2 台总容量 10 t 的燃气锅炉。在排除一项重大安全隐患的同时,做到"氮"零排放,为该市空气环境提升贡献一份力量,取得一定的环境效益。

7.1.6　可推广亮点

根据医院所在市的地理位置特性,全年日照时间为 2100 多个小时,平均温度为 15.7 ℃,夏季太阳能完全可以满足日常热水供应,空气能热泵机组处于休眠状态。春秋季及冬季,太阳能成为辅助加热,空气能热泵发挥作用。空气能热泵是吸收空气能中的热量,通过压缩机做功来把热量转化,省电 60%～70%(环境不同数

据不同)。因此太阳能与空气能热泵联动热水系统是比较不错的方案,而且都是清洁能源设备,寿命长,零污染排放。但是,医院热水系统设计时要注意以下几个方面:

(1) 根据医院的热水用水量,设计热水设备不少于两台,当一台检修时,其余设备应能供应60%的设计用水量。系统设计采用全循环方式供水、恒温、恒压供水。

(2) 设计医院热水系统时要防止烫伤,淋浴或浴缸用水点应设置冷、热水混合水温控制装置,使用水最高出水温度在任何时间都不应大于49 ℃。原则是随用随配。

(3) 医院病房冷、热水供水压力应平衡。

(4) 医护人员使用的洗涤池、洗手盆、化验盆等均应采用感应开关,公共卫生间内的洗手盆、淋浴器等也应设置感应开关。

(5) 热水系统采用全智能化控制,系统尽量采用变频调压技术供水,根据设备的特点,采取有效防污隔断措施。通过合理的系统设计,优先使用太阳能系统,根据温度控制和实际需要灵活启闭,达到管理维护方便,节能降耗的目的。

(6) 水箱是极易受到二次污染的供水环节。需要考虑设置位置、承重、结构、材料材质、水的流动及渗漏、通气、溢流、防护等方面综合因素,采取切实有效措施,确保贮水的卫生安全,不受二次污染。

(7) 在整个热水系统设计的过程中,必须保证每个热水循环回路为系统同程,以达到各热水用水点的恒温、恒压使用。

(8) 在热水回水系统设置温控电磁阀,可以手动调整回水温度。夏季回水温度设置40 ℃,冬季极寒天气可适当提高回水温度,使回水管内热水处于流动状态,防止回水管静水冻裂。

(9) 因空气能热泵及太阳能基本安装在楼顶,为人员巡视设备带来一定的难度。在设计时,可加装无线手机APP远程监控系统,随时通过手机监控用水量及设备运行状态。

7.2 某大学第二附属医院综合节能改造

7.2.1 建筑概述

某大学第二附属医院总建筑面积为281668 m^2,是一所集医疗、教学、科研、预防、保健、康复等多功能于一体的非营利性、三级甲等规模的现代化综合性教学医院。项目实景见图7.4。

图 7.4　某大学第二附属医院大楼

7.2.2　改造模式

该项目由该医院自筹资金,自行改造。根据项目实际情况以及业主要求设计节能方案进行节能改造,改造内容主要涉及空调系统、生活热水系统、建筑能耗监测系统三个方面。

7.2.3　节能诊断

医院(一期)中央空调制冷站位于医院地下一层,中央空调制冷站系统包含3台冷水机组、4台一次冷冻水泵、4台二次冷冻泵、4台冷却水泵和5台冷却塔;150台空调末端采用风机盘管;2台锅炉通过6台生活水泵,供应生活热水;未更换的所有照明灯具。

(1) 制冷站缺乏智能化控制

本项目中央空调系统缺乏智能化的管控系统,仅由人工通过改变制冷机组、水泵、冷却塔风机启停台数,以达到调节温度的目的。中央空调系统是一套各种设备相互耦合的复杂系统,该调节方式缺点集中表现为设备长时间全开或全闭,轮流运行,浪费大量电能;电机直接工频启动,冲击电流大,严重影响设备使用寿命;温控效果不佳。

(2) 空调制冷机组控制待优化

目前空调冷水机组由人工手动启停,工作人员每天按照空调运行时间启停冷水机组,可以新增节能优化控制系统,将冷机接入优化系统中实现远程控制,达到最好的运行状态。

(3) 空调制冷机组运行策略待优化

空调系统目前大部分时间开启1台机组,高峰期最多开启2台离心机组就可以满足末端的负荷需求,但无法对末端负荷的变化及时做出相应调整,依靠人工判断来进行调整,有一定的滞后性,当部分负荷运行时机组运行负载率会下降,耗能增多。

(4) 空调制冷机组出水温度设定值待优化

偏低的冷冻水出水温度设置将导致冷水机组的效率降低。冷水机组在负荷较低的情况下会出现能耗浪费。但是,过高的冷冻水出水温度设置,又将会引起空调末端空气处理器除湿能力不足,舒适度受到影响。

(5) 冷水机组冷凝器趋近温度偏高

通过空调机组运行界面显示的运行数据可知机组冷凝器趋近温度为 $5.6\ ℃$,换热效果较差,因此,建议对所有冷水机组冷凝换热器进行维护,在无法改变现状的前提下应该尽量少开启换热效率低的机组。

(6) 水系统流量无法根据实时负荷变化进行调节

冷冻水泵二次泵按固定频率 50 Hz 运行,冷却水泵工频运行。中央空调系统设计通常按建筑物所在地的极端气候条件来计算最大冷负荷,并由此确定空调主机的装机容量以及配备相应容量的水泵电机。然而,实际上出现最大冷负荷的时间极少,因而出现大马拉小车的现象,这无疑造成了大量的能源浪费。

另外,中央空调系统是一个多参量非线性、时变性的复杂系统,由于空调负荷的频繁波动,必然造成水循环系统的运行参量偏离空调系统最佳工作状态,导致系统能效值降低,增加系统的能源消耗。而且,空调水泵长期处在定频额定状态下高速运行,会产生不必要的设备磨损。建议新建空调节能优化控制系统,对冷冻水二次泵运行频率进行实时调节,冷却水泵增加变频装置,并接入新增节能优化控制系统。

(7) 循环水泵运行台数可优化

在开启 1 台冷水机组的时候,存在着开启 2 台冷冻水泵和 2 台冷却水泵的情况。可能的原因如下:水泵选型过大而多开水泵以降低单台水泵电流;有些区域温度降不下来,而不得不增开水泵以提高流量,满足个别区域需求。

(8) 冷冻水供回水温差偏小

小机组冷冻水供回水温差在 $3\sim3.5\ ℃$,冷冻水供回水温差偏小,因此,空调冷冻水存在流量偏大的现象,导致能耗浪费。如果能适量调节水流量,可减少冷冻水泵用电消耗。

(9) 冷却塔风机开启台数可优化

冷却塔运行均依赖人工手动进行调节,冷却塔开启台数较为随意。运行操作管理人员根据自己的主观判断和长期保留下来的开启规律进行操作,没有根据末端实际负荷需求与冷水机组当下的运行参数进行相应的调整。每组冷却塔进水管有电动阀门,但阀门长期处于全开状态,当冷却塔部分运行时,阀门全开会造成旁通水造成冷却塔冷却效果降低。

(10) 冷却塔工频运行

冷却塔风机已有变频装置，按固定频率 50 Hz 运行，在运行期间频率无法根据实际需求实时调节。

(11) 空调末端新风系统

室外与室内空气的热焓值差异很大，室外空气在 32 ℃，70%湿度时，焓值为 20.6 kcal/kg 左右，室内空气在 26 ℃，50%湿度时，焓值为 12.6 kcal/kg 左右。尤其是夏季，室内外空气的热焓值差异更大，引入室外空气会造成很大的负载，新风负荷占空调总负荷的 20%～40%，对其标准值高低的取舍，与节能关系重大。新风量的多少直接影响空调的负载，从而影响空调系统的风机、冷水泵、压缩机、冷却水泵、冷却塔风扇的耗电。同时，在医院空调系统中引入新风也是为了保证室内二氧化碳浓度需求，满足室内人员卫生要求。

目前空调系统采用风机盘管加新风的形式，通过各层安装的吊顶式新风机组给室内送入新风，据现场调研信息，新风系统已有控制系统，但系统已瘫痪，目前无法做到远程启停和控制调节。

(12) 供暖热水系统

目前锅炉的温度设定点由人工设定，长期以来未进行有效测试和调整。燃气锅炉常见的控制方式是基于供水温度或供汽压力上下限设定点的控制，即当锅炉供水或供汽压力达到设定上限时停炉，当供水温度或供汽压力低于设定下限时启炉。合理设置锅炉供水温度或供汽压力的上下限设定值，对于提高供热系统效率有着非常的积极意义。

(13) 照明系统

目前医院内大部分灯具为普通节能型灯具，部分损坏的灯具会逐步更换为 LED 节能灯具，整体更换比例不大。传统照明普遍存在光效低、功率因素低、显色性低、寿命短、照明系统维护不方便、坏灯率高，不环保的问题。

7.2.4　改造方案

(1) 冷机群控优化控制

采集冷机参数，建立性能模型，充分考虑主机性能特点，并结合优化原则，实时优化机组开启台数与冷冻水出水温度设定，优化冷机群控系统，实现系统层能效最优。系统本身对水系统的流量实时监测，有限流保护机制，保护冷机设备。项目冷机群控优化控制系统见图 7.5。

(2) 冷冻水二次泵变频优化

目前空调冷冻水二次泵有变频装置，水泵按固定频率(45 Hz)运行，无法实时进行调节。现有冷站监测系统已瘫痪，所以将冷冻水泵及变频装置接入节能优化控制平台，对频率进行监测的同时，根据系统总冷量需求的变化实时调整运行设定

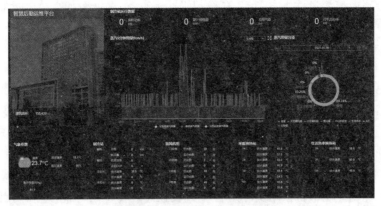

图 7.5 群控优化控制系统

点,从而确定变频器实际频率,达到最优的运行状态。

需要增加的设备及采取措施包括:

新增压差传感器 4 只,安装在 4 栋楼的冷冻水最不利环路点,保证冷冻水进出水压力控制;

新增水温传感器 2 只,安装在冷冻水供回水总管,保证冷冻水进出水温度监测;

新增超声波流量计 1 台,安装在冷冻水回水总管,保证冷冻水总流量监测;

所有的水泵及变频装置和传感器均接入新增节能控制系统,实现整体优化控制。

冷冻水泵的变频控制,可实时调节水泵转速与负荷变化相适应,从而减少不必要的水泵能耗。节能控制系统根据实际运行参数校核建立的水泵性能模型,可计算出在不同的流量、扬程和运行频率等运行工况下的水泵能耗。根据满足系统总冷量需求和冷站全局优化的原则,并在保证冷冻水环路系统最不利末端水量要求的前提下,动态确定冷冻水供回水压差的设定点。根据这些设定点来动态调整水泵台数与变频器频率。

(3) 冷却水泵变频优化

目前空调冷却水泵没有变频装置,无法实时进行调节,在新增节能优化控制平台中,将现有冷却水泵的变频装置接入节能优化控制平台,对频率进行监测的同时,根据系统运行需求的变化实时调整运行设定点,从而确定变频器实际频率,达到最优的运行状态。

需要增加的设备及采取措施包括:

新增 4 套冷却水泵变频动力柜,新增 2 个 90 kW 变频器和 2 个 55 kW 变频器,分别安装在 4 个变频动力柜中;

新增水温传感器 2 只,安装在冷却水供回水总管,保证冷却水进出水温度监测;

新增超声波流量计 1 台,安装在冷却水回水总管,保证冷却水总流量监测;

所有的水泵及变频装置和传感器均接入新增节能控制系统,实现整体优化控制。

(4) 水系统水力平衡改造方案

将原有水系统集水器中的手动阀门更换为电动调节阀,将电动阀接入新建优化控制系统,结合各个末端的冷量需求实时调节阀门的开度,减少冷量浪费,同时也解决了系统水利不平衡的问题,降低了系统流量需求,减少冷冻一次水泵和冷却水泵的开启台数,使水泵和主机开启策略恢复至一对一运行,降低电能消耗。

(5) 冷却塔优化控制

节能优化控制平台根据实际运行参数校核建立冷却塔性能模型,可计算出在不同的室外干湿球温度、冷却水流量、冷却塔进出水温度等运行工况下的冷却塔能耗。根据冷站全局优化的原则,优化确定当前工况下的最佳出塔水温,根据此温度动态调整风机运行台数及风机运行频率。

对于冷却塔控制,当只有部分冷却水泵运行时,如果相应的只开部分冷却塔风机,而不对冷却塔的布水进行调整,仍使循环的冷却水均布在各组冷却塔上,则开启冷却塔风机的部分,风水比大,到达塔底部的冷却水温度低;而没开启冷却塔风机的部分因为没有风,水得不到很好的冷却,到达塔底部的冷却水温度基本接近于塔的进水温度。这样冷水热水混合,进入冷机的冷却水温度就较高,使冷机效率降低。因此,冷却塔的调节方式是"均匀布水,风机变频"。使各台冷却塔均匀布水,同时同步地改变各台冷却塔风机转速,通过均匀地减少各台冷却塔风量来调节水温。

(6) 冷却塔变频优化

冷却塔已有变频装置,可实现冷却塔风机转速的调节,但风机频率依靠手动设定,目前按固定频率(48 Hz)运行,无法根据需求调节风机转速。

现场实现节能控制系统措施如下:

校验每组冷却塔进水管道上的电动阀门是否可正常开启,若能正常开启,接入新建优化控制系统实现整体远程控制;若无法正常开启,更换新的电动阀门,同时接入系统实现远程启停控制。

新增 1 个室外温湿度传感器,安装在冷却塔附近;

所有的冷却塔及变频装置和传感器均接入节能控制系统,实现整体优化控制。

(7) 既有 BA 系统恢复方案

目前该医院空调末端采用风机盘管加新风的形式,通过各层安装的吊顶式新风机组给室内送入新风,单台机组功率为 2 kW,共计 150 台。据现场调研信息,新风系统已有控制系统,但系统已瘫痪,目前无法做到远程启停和控制调节。

基于现场冷站及末端系统 BA 系统的现状,现对其完成点位测试与恢复。基于充分利用既有楼控系统现场的硬件和布线,进行既有设备的改造。保持现有系统的网络不变,系统的网络采用双绞线,通过中继器联通整栋建筑的每个空调机房。

(8) 中央空调制冷站系统用电计量改造

在3#配电房的5号变压器和6号变压器的冷水机组、一次冷冻泵、二次冷冻泵、冷却水泵、冷却塔的低压出线回路上安装新增智能电表;

布线将新增的智能电表进行组网与新增的电表数据集中器进行连接;

布线将新增的电表数据集中器与新增数据采集器进行连接;

实现冷水机组、一次冷冻泵、二次冷冻泵、冷却水泵、冷却塔用电数据的实时采集。

(9) 对用水系统加装必要流量计

为了监测计量整个医院(一期)生活用水系统所用蒸汽量,在用水系统总管上加装蒸汽流量,便于分项计量统计。

(10) 供暖系统实现合理控制

医院通过市政蒸汽供暖,蒸汽经板换与二次侧热水进行换热,但随着季节的变化,一日之内负荷需求的变化,所需的流量和出水温度也应该不断变化,如蒸汽温度设定值刚好满足当天最高负荷时段使用,那么其他时段所需的热量就过剩了,据统计,中央空调系统最高负荷时间不到供暖时间的10%。在末端和各区域未实现能量平衡的基础上,现场一次侧板换的蒸汽阀(控制出水温度)不能配合热水泵进行动态调节,造成极大的能源浪费。将供暖蒸汽系统接入优化控制系统,通过蒸汽压力需求调节各支路的阀门开度。

(11) 生活热水系统实现合理控制

医院(一期)生活用水温度通过人为手动对水泵控制柜面板设定,每年设定次数有限,无法根据室外温度及需求温度来实现生活用水温度精准化控制,造成生活用水能耗浪费。

针对生活热水机房控制柜及蒸汽阀进行改造,减少生活热水管网损失。将生活热水系统接入新增优化控制系统,根据需求实现热水温度的精细化控制,并调节热水泵运行工况,将生活热水锅炉接入系统进行监测。

整个生活热水系统及中央空调控制系统是在统一平台监测、控制及展示的。

(12) 照明设备改造方案

现有照明灯具大部分为普通节能灯,本次改造将一部分原有灯具更换为LED节能灯具。

7.2.5 改造效果

(1) 环境效益

该医院通过针对中央空调冷热源系统、末端空调系统、生活热水系统、照明系统存在的问题,采用先进的节能改造技术,预估节约标准煤 960 t/年,年度二氧化碳排放量可减少 2371.2 t,综合节能率为 11.44%。

(2) 经济效益

安徽医科大学第二附属医院通过中标单位进行节能改造,节省能源消费,能够获得的节能收益每年约为 147.58 万元。

7.3 某购物中心节能改造

7.3.1 建筑概述

某购物中心是某集团倾力打造的现代精品旗舰商场,是所属城市中央广场的核心组成部分。商场建筑面积为 35700 m^2,共 6 层,于 2006 年启用。商场中央空调为 2 台约 2324 kW·h 燃气溴化锂中央空调,功能为制冷和供暖。项目实景见图 7.6。

图 7.6 某购物中心

7.3.2 改造模式

全投资托管型中央空调合同能源管理,主要改造内容为新增一台磁悬浮中央空调与原空调主机系统并联,更换原有输配系统水泵,冷却系统增加变频设备、末端风机变频调节、能耗监控平台建设等,项目回收期约为 5 年。

7.3.3 节能诊断

据统计,该购物中心全年耗电量为 5184954 kW·h,燃气溴化锂中央空调耗气量为 $4.794×10^5$ m^3,中央空调系统耗电量为 1218300 kW·h,折算成标准煤则建筑全年耗能 2136.88 t 标准煤,中央空调系统耗能 978.51 t 标准煤,占建筑用能的 45.79%(注明:天然气标准煤参照 1.2997 $kgce/m^3$,电力参照 0.2918 kgce/(kW·h) 计算)。

根据现场勘查,商场照明系统已自行采用 LED 灯节能改造,电梯系统已采用感应变频技术。而中央空调系统用能占比最大,节能潜力最大,因此本次节能改造方案主要围绕中央空调系统进行。

7.3.4 改造方案

1. 基本情况

供能时间:

制冷季节:3月上旬至11月下旬,年运行 3000 h;

供暖季节:1月上旬至3月上旬,年运行 450 h;

能源条件:电价为 0.729 元/(kW·h);天然气价格为 3.2 元/ Nm^3;

2. 空调系统

原中央空调系统主要由 2 台约 2324 kW·h 燃气溴化锂主机组成,空调机房位于商场地下1层,主要设备参数见表 7.6。

表 7.6 设备参数表

(1) 主　　机

型　号	数量	制冷功率(W)	供暖功率(W)	耗气量(Nm^3/h)	备　注
DG-53GHL	2	2461	2059	239	—

(2) 水　　泵

型　号	数量	流量(m^3/h)	扬程(m)	功率(kW)	备　注
冷冻泵	2	450	38	75	二用0备
温水泵	2	200	24	22	二用0备
冷却泵	2	660	38	90	二用0备

(3) 冷　却　塔

型　号	数量	流量(m^3/h)	功率(kW)	备　注
冷却塔	8	1600	7.5	—

(1) 空调主机诊断

商场采用 2 台三洋燃气溴化锂机组制冷和供暖。空调主机 2005 年出厂，运行时间 13 年以上，存在老化情况，且近年来故障频发。随着商场品质提高的需要，空调问题急需解决。

改进方案：考虑到商场全年主要为制冷运行，因此增设一台 C180 磁悬浮离心机（制冷量为 2090 kW）与原有空调主机并联运行，原有燃气溴化锂机组备用。夏季主要由磁悬浮离心机进行制冷，冬季仍由原有燃气溴化锂机组供暖，在提高空调系统稳定性的同时提升空调系统能效。

(2) 管路系统诊断

空调主机前"Y"形过滤器与主机自身入口过滤网形成双重过滤，增加了管网阻力，水泵前却未安装过滤器，容易导致铁锈等进入，造成水泵卡死等情况。另外机房管道排气阀较少，容易形成气堵现象。

改进方案：采用零阻力过滤器代替 Y 形过滤器，滤网截面比 Y 形大 20 倍，减少管网阻力，并优化管路系统。

3. 输配系统问题

原有输配系统水泵选型偏大，尤其是冷却水泵，且未安装变频装置根据空调负荷调节，一方面不利于管网系统运行，另一方面增加输配系统运行能耗。且通过观察，水泵已经运行 13 年，老化严重。

改进方案：根据商场管网实际情况水泵重新选型，并更换为高效节能水泵，提升效率的同时降低水泵能耗。选型水泵参数见表 7.7。

表 7.7 水泵参数

型 号	流量（m³/h）	扬程（m）	功率（kW）
冷冻泵	430	32	55
冷却泵	510	19	37

另外冷却水泵加装变频电气控制柜，与空调主机 PLC 实现自动变频控制，水泵频率根据空调主机自动变频，进一步实现变频节能。高效水泵和变频控制柜见图 7.7。

本次节能改造后，输配系统与空调主机之间实现联动控制，实现主机触摸屏"一键开机"，实现空调主机与输配系统之间的智能运行，大大增加空调系统安全性和可操作性。

4. 末端风柜

本商场空调系统运行时间特别是制冷时间相当长，末端风柜能耗在空调系统用能中占比较大，且末端负荷全年不稳定，原有末端系统存在的问题为：① 原有风柜系统有变频装置，由于存在故障，在实际运行中一直未开；② 末端风柜过滤网堵

图 7.7 高效水泵和变频控制柜

塞较为严重,进风量少;③ 过渡季未新风没有运行。

改造方案:对现有的风柜变频器进行修复,恢复变频运行,根据商场各楼层各区域情况进行变频调节运行,对楼层风力平衡进行调整;对现有的风柜过滤器以及管道过滤器进行清理,增加换热效率;过渡季节尽可能实现新风运行,免费制冷。

(5) 能耗监测平台

原有商场空调系统未实现分项计量,本次改造建设空调系统用能监测平台,对建筑能耗按照空调、照明和电梯进行分项计量。同时对中央空调系统分项计量,主要分为空调主机、水泵系统、冷却塔等,实时监测中央空调系统每一个设备的用能状态,便于进行用能分析以及后期进一步改造。空调系统用能监测平台见图 7.8。

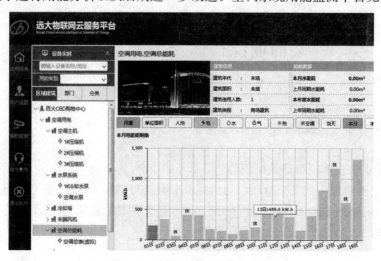

图 7.8 空调系统用能监测平台

7.3.5 改造效果

1. 环境效益

该购物中心对中央空调冷热源系统、末端空调系统进行节能改造,预估节约标准煤 586.38 t/年,年度二氧化碳排放量可减少 1448 t,综合节能率为 27.98%,年节省费用约为 147.58 万元。

2. 经济效益

该购物中心通过节能服务公司改造,节省能源消费,能够获得的节能收益每年约 140.66 万元。

7.3.6 可推广亮点

(1) 合同能源管理:该项目采用的是节能公司全投资托管型合同能源管理模式,由节能公司负责项目的诊断、设计、改造和后期的运维,可实现设备与运维管理的最大节能,同时提升商场空调品质。

(2) 空调系统节能:本系统选用目前效率最高的磁悬浮离心机,相较于原有空调主机,能效有极大的提高,同时对输配系统、管道系统等进行了有针对性的改造,提升系统能效,节能省钱。

(3) 能耗监测平台:本项目中采用了空调系统能耗监测平台,可以实时监测中央空调各设备运行能耗,便于后期精细化管理。

(4) 末端风柜变频:中央空调系统特别是商场用户,末端风柜能耗占比较大,风柜的变频控制可以进一步节能降耗。

7.4 某商业综合体谐波治理节能改造

7.4.1 建筑概述

某商业综合体项目建筑面积约为 3.3×10^5 m^2,其中商业经营面积约为 1.8×10^5 m^2,上盖建筑为约 2×10^5 m^2 的国际 5A 甲级写字楼华润大厦(含超五星级合肥君悦酒店),地上地下停车位约有 3000 个,是集购物、休闲、办公、酒店、餐饮、娱乐为一体的大型都市综合体。项目实景见图 7.9。

图 7.9　某商业综合体大楼

7.4.2　供电系统概述

现场一共 18 台变压器,容量为 1600 kVA 的变压器 12 台下面配置 2 台无功补偿装置(分组 10 组,每组 50 kVA),容量为 1250 kVA 的变压器 6 台下面配置 1 台无功补偿装置(分组 10 组,每组 50 kVA)。主要负载为店铺照明、电梯、空调及餐饮加热设备。设备运行周期为 24 h。

7.4.3　电能质量存在问题分析

从测试数据分析,目前主要存在的电能质量问题为电流谐波超标、变压器功率因数偏低,电流三相不平衡,零线电流超标,变压器及线路损耗大,电容器降容且有电容器鼓包和漏油情况。

7.4.4　改造方案

采用有源滤波补偿设备实时自动跟踪,动态补偿谐波、可调无功功率、三相不平衡等。

能自动检测并跟踪电网频率,自动检测电流互感器 CT 的极性,防止反接。具有完备的过电压、欠电压、过电流、温度保护功能及自诊断功能。

并联接入电网,不会因故障导致电网断路;多台并联系统,如果一台因故障退出运行,其他有源滤波器仍可正常工作实现滤波功能。

有源滤波补偿有过载保护能力,自动限流在 100% 额定输出。

当系统中的谐波电流大于有源滤波器的治理能力时,有源滤波器应仍能正常工作,不能出现过载烧毁等故障。

具有电网谐振自动抑制功能。具有缓冲启动控制回路,能够避免自启动瞬间过大的投入电流,并限制该电流在额定范围之内。

有源滤波补偿自身的高频纹波电流峰峰值小于 2 A,该电流不回馈电网,以保证其他设备正常运行。

7.4.5 改造效果

有源滤波补偿投入使用后,能滤波系统中的绝大部分谐波电流,有效降低由谐波引起的系统故障发生率,降低系统安全隐患,保证系统稳定运行。在负荷满载工作时,滤除率达到 92% 以上,零线电流降低 80% 以上(三相基本平衡状态)。改造前、改造后电网电流波形和频谱见图 7.10 至图 7.13。

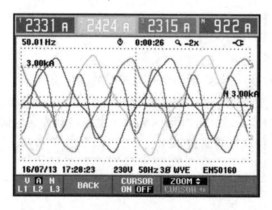

图 7.10 改造前电网电流波形图

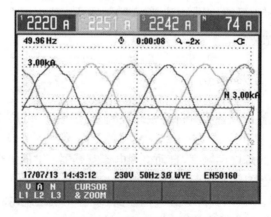

图 7.11 改造后电网电流波形图

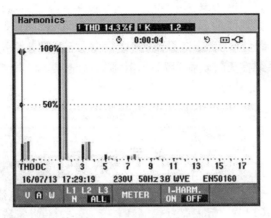

图 7.12　改造前电网电流频谱图

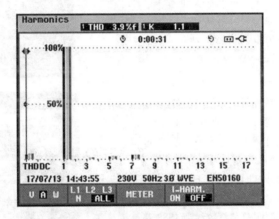

图 7.13　改造后电网电流频谱图

有源滤波补偿设备投入后,不和系统发生谐振,不影响数据传输。设备投运后各项电流指标达到国家相关标准(由检测单位验收测试出具验收合格单)。补偿后接入点功率因数在 0.95 以上。

7.5　某超市节能改造

7.5.1　建筑概述

本超市属于公共建筑中的商业建筑,本建筑共 4 层,地上 3 层,地下 1 层,超市位于地下 1 层,于 2010 年开业,功能分区为超市卖场、办公室和仓库。总面积为

11500 m²。全年运营时间为夏季 7:00—22:00,冬季 7:30—22:00。主要能源形式为电力、水,不涉及其他能源形式。用能系统由运营部负责管理;其中电力主要供给中央空调系统、照明系统、冷链系统、室内设备、综合服务系统及特殊功能系统等。除中央空调系统按天气负荷运行外,其他系统全年正常持续运行。主要用能系统见表 7.8。

表 7.8 主要用能系统

系统名称	主要内容	现场照片
中央空调系统	中央空调系统为集中冷水机组+吊柜+新风机组 2 台 160 kW 的水冷螺杆机组(1 用 1 备用) 3 台 22 kW 冷冻水泵和 22 kW 冷却水泵(2 用 1 备) 46 台吊柜和 5 台新风机 2 台 7.5 kW 冷却塔	
照明系统	照明系统所用灯具:生鲜区主要为金卤射灯,卖场区域为 1.2 m T8 日光灯和 1.2 m T5 日光灯,过道区域为 2U 筒灯 灯具开灯时间为每日 15 小时,一般为 7:00—22:00,全年 365 天运行。照明总装灯数约为 4888 盏	
冷链系统	冷链系统由中、低温制冷系统组成,为风冷系统。卖场内有各冷冻冷藏柜,后仓设冷冻冷藏库,机组全年 365 天,全天 24 小时运行,年设定恒定值 各类冷冻库配置独立的压缩机制冷,各压缩机根据库温进行控制,压缩机全年不间断运行	

7.5.2 改造模式

该项目节能改造采用合同能源管理模式,业主与节能服务公司签订 8 年期合同,由节能服务公司全额出资,根据项目实际情况以及业主要求设计节能方案进行节能改造,改造内容主要涉及空调系统、照明系统、冷链系统三个方面。

合同双方约定参照改造前 12 个月的能耗水平,以改造前后供电局实际用电数据为结算依据,每月按照合同比例进行分配。

7.5.3 节能诊断

1. 用能分析

(1) 用能总体分析

改造前连续 12 个月的年用电量为 2.564×10^6 kW·h,单位建筑面积年用电量为 197 kW·h/m²。用电最高峰为 6 月、7 月、8 月这三个月,因夏季空调用电较多。

(2) 用能分项分析

本超市改造前没有分项计量,需根据用能设备的功率,以及各设备的运行时间进行初步统计,拆分出大致的分项能耗。

改造前连续 12 个月的总用电量为 2.57×10^6 kW·h,其中照明 7.3×10^5 kW·h,占比 28.4%;空调 8.4×10^5 kW·h,占比 32.8%;冷链 8×10^5 kW·h,占比 31.3%;其他用电 2×10^5 kW·h,占比 7.7%。

2. 用能诊断

根据现场调研,本超市空调、照明、冷链系统用能主要存在问题见表 7.9。

表 7.9 节能诊断问题

用能系统	主要问题
空调系统	冷却塔存在旁通且无法调节 过渡季节新风利用不足 空调末端无法集中管控 整套空调系统无法根据室内符合自动优化
照明系统	传统灯具能耗高、光效低、光衰严重 没有进行分区分时段控制
冷链系统	各类展示柜敞开,冷气外溢严重 制冷系统无法根据实际负荷进行控制调节 陈列柜防结露系统无法根据实际情况控制 冷冻柜无法实现阶梯控制调节 冷库冷气外溢严重且经常忘记关门

7.5.4 改造方案

1. 空调系统

(1) 空调末端节能解决方案

空调末端有 45 台吊柜和 5 台新风机,针对空调末端吊柜分散,难以集中管理且无法进行变风量调节的问题,加装 15 套 VAV 智能变风量控制系统,分区域多点采集卖场温度和冷冻水水温,PLC 预装软件通过实时计算,发出控制信号、动态控制卖场各区域风柜运行频率,实现变风量运行,节省空调风机用电。

空调末端主要为吊柜机组,主要分布在负一楼,电源由单独专线供应,总共有 15 条线路,每条线路有 3 台左右的吊柜机组,根据统计,单条最大线路的功率不会超过 11 kW,本方案选择统一对 15 条线路各安装 1 台变频控制系统,根据超市内温湿度和二氧化碳浓度进行控制调节。对排风系统实施联动控制,从而达到节能降耗目标。

(2) 冷却塔节能解决方案

空调冷却塔增加 2 套智能变频系统,实现自动启停和变风量运行,原有空调冷却塔风机为手动工频运行,冷却塔风机无法根据主机排热负荷动态调节转速和运行数量,在空调低负荷运行工况下浪费用电且造成不必要的磨损,加装的智能逻辑变频系统会实时监测空调系统的热负荷变化、智能化启停风机以及动态调节冷却塔风机运行频率,在保证空调主机冷凝散热良好的前提下节省冷却塔风机用电量,风机低速运行也减轻磨损和减少故障。

(3) 新增排风系统,引入新风

本方案在超市各区域新增排风系统,增加排风机 4 台。系统随时监测室外环境温度的变化。当室外新风焓值低于室内空气焓值时,启动排风系统,利用负压原理,合理的利用外部新风冷量,减少中央空调系统的运行时间,降低能耗。一楼主要以新风机引入为主,新增 4 台排风机,室内形成负压,加上新风机送风,形成良好的新风气流。

(4) 中央空调整体节能优化方案

基于中央空调系统目前的使用现状,对中央空调系统加装一套综合智能节能控制系统,对中央空调系统冷冻水泵及主机等用能部件的启停和运行工况根据负荷自动整体控制和远程控制,以实现整个中央空调系统的综合节能运行,提高系统的运行效率,并且实现设备集中管理,提高管理效率,减少值班人员。

中央空调综合节能控制系统实时监控冷水机组、冷冻水泵以及超市内外环境温度、冷冻供回水温度、设备消耗功率等工艺参数,降低设备运行的盲目性,可以随时通过计算机网络对整个中央空调系统运行状况进行监测。

2. 照明系统

(1) 照明灯具更换

照明节能改造不能简单地把照明节能理解为单纯的灯具替换,采购通用LED灯具替换进行照明节能,而是要根据现场特殊的光环境要求,进行科学、独特的设计和节能改造。需要满足安全的使用环境、舒适的光环境、出色的显色指数、优异的节能效果这个四个方面。

本超市用高效的LED灯具替换传统灯具近五千支。用10 W LED灯管替换36 W灯管,用25 W LED生鲜灯替换70 W金卤射灯。用6 W LED平板筒灯替换26 W 2U筒灯。年节省电量约49万度。

(2) 照明分区分时控制

针对各区域运营时间不一致的问题,采用智能照明控制系统,准确控制灯光的开关时间和照度,并充分利用自然光,达到所供即所需的要求。

3. 冷链系统

(1) 各类立柜改造方案

给敞开式立柜增加夜幕帘,在夜间无人使用时,将夜幕帘拉下,既可保持蔬菜水果的新鲜,又可有效隔断冷热对流,阻止冷气外溢。减少压缩机的工作,从而节省电耗。

(2) 冷链机组节能控制方案

在冷链机组旁安装一套冷链节能控制系统。在安放外界温湿度传感器、机组电子压力传感器后,系统自动实时数据采集,反馈到控制装置的主基板,基板内部的软件根据数据,结合压缩机组的控制对象(是否是冷冻、日配或鲜鱼肉等)温度要求,进行运算后,输出控制信号,控制压缩机组的工作。通过软件界面和压力歧管仪,可以观察到,压缩机组的压力值在每次切入时,都会有所变化,即"压力浮动"变化。压缩机组的整体运转时间在40%~60%之间,在夏季极端高温天气与原改造前压缩机组的运转变化不大,但在春秋和冬季有明显的改变。

同时,根据并联机组的特点,为保证压缩机组机头的工作时间均衡,节能控制装置通过软件计算工作时间,让每个压缩机头轮流启动,保证运转均衡。

(3) 陈列柜防结露控制方案

新增防结露系统,其内置软件根据外界的温湿度数据,结合超市门店的营业时间来控制工作。如在夏季,尤其是梅雨季节运转时间长,在晚上营业时间结束后,基本不工作。

(4) 岛柜增加独立电磁阀

改造前为一个电磁阀控制多个岛柜,因每个岛柜温度需求不一致,导致用电效率低,现改造为每个岛柜增加一个独立的电磁阀,实现一对一的精准控制。

(5) 冷库联动报警控制方案

对冷库安装一套联动控制报警系统,实现大门与风机的联动控制,当大门开启时,库内风机停止运行;当大门关闭时,库内风机根据情况自动运行;当探测发现冷库大门长时间处于开启状态时,大门报警装置启动,提醒管理人员关闭大门。

7.5.5 改造效果

1. 环境效益

本超市对中央空调冷热源系统、末端空调系统、冷链系统、能耗监测和控制系统进行节能改造,节约标准煤 265.53 t/年,年度二氧化碳排放量可减少 655.85 t,综合节能率为 31.6%。

2. 经济效益

进行综合节能改造后,每年可节约总用电 9.1×10^5 kW·h,按照商业平均电价 0.75 元/(kW·h)计,可节约 68 万元/年。

该项目投资回收年限为 182 万元/(68 万元/年×70%)=3.9 年。

7.6 某政务中心第二办公区节能改造

7.6.1 建筑概述

该政务中心第二办公区总建筑面积为 18184 m^2,2014 年改造后投入行政办公使用。

该政务中心第二办公区用能系统主要包括供暖和空调系统、照明系统、供配电系统、热水设备、办公设备等,各用能设备随着使用年限的增长,有一定程度的老化,能效有所下降。项目实景见图 7.14。

图 7.14 某政务中心第二办公区

7.6.2 改造模式

该项目采用合同能源管理节能效益分享型的模式对用能设备进行改造,范围包括供暖通风及空调系统、生活热水系统、电梯用能系统、供配电与照明系统等用能系统的节能设计、改造施工(包括设备生产、采购、运输、安装、调试、试运行、验收、培训等)、能源管理(包括能耗监测、节能控制等)、运维保障(包括维修保养、售后服务等)。该项目由节能服务公司全额投资,节能服务公司分享80%,业主方分享20%,合同期限5年。

7.6.3 节能诊断

1. 建筑总能耗诊断

该政务中心第二办公区在2016年至2018年用电量呈现逐年增长趋势,2017年比2016年增长了6.21%,2018年比2017年增长了4.21%,可见能源消耗逐年增长,建筑节能工作有待加强。

2. 照明系统诊断

该政务中心第二办公区改造前照明灯具基本为传统荧光灯具,以T8荧光灯管为主,走廊和卫生间有一部分节能灯。荧光灯为第二代照明灯具,照明光效较低,一般为50 lm/W左右。该政务中心第二办公区照明灯具每天开启9 h左右,节假日无人上班,灯具关停。室内照明灯具使用较为规律,因此,上下班开关灯须严格管控。现使用的照明系统基本仍采用传统的荧光灯管及普通节能灯具,相比LED灯具能耗消耗更大;传统的荧光灯管能耗较大,光效低下,显色性低,寿命短,含汞对环境有影响;使用传统的荧光灯管在工作时,因自身灯管和整流器会产生高温,热量辐射到室内,增加了室内空调冷量损失,消耗了空调的电能;在公共区域和走廊部分区域,无照明智能控制,或者光声控制、定时开关功能,存在长明灯现象;照明系统未按区域安装计量装置,线路未独立分离,不便于照明系统进行计量和分区控制;在日照充足的情况下,部分走廊及室内自然采光良好区域,照明灯具开启数量未做相应调整,仍开启所有灯具。

3. 分体空调系统诊断

该政务中心第二办公区空调系统大多采用分体空调。通过对现场分体空调设备进行勘察诊断,分体空调目前存在以下问题:

设备出现老旧情况,制冷效果明显下降,严重区域无法满足使用要求;夏天空调温度设定过低,制冷过度;部分办公室打开门窗开启空调;节能意识不足,个别房间下班离开房间忘记关空调;空调使用状态没法监控;空调长时间不用(包括使用空调和不使用空调的季节),几乎没有人拔掉空调插头,空调待机能耗浪费严重;部分设备换热翅片积垢严重,降低空调运行能效,浪费能源。

该政务中心第二办公区分体空调年耗电量共626400 W·h,占总能耗比例的42%,占比较高。受所属城市气候影响,夏季依靠空调制冷,冬季依靠空调供暖,因此空调耗电较多。该政务中心第二办公区分体空调全部依靠人工控制,因此人为因素对分体空调耗电影响较大,分体空调的开启情况、温度设定将直接影响建筑耗电。

4. 多联机空调系统诊断

该政务中心第二办公区共有10套变频多联机系统,多联机外机安装在一楼地面,2012年安装至今,运行总体稳定。外机由于多年运行,开始有老化现象,目前换热效率不高。该政务中心第二办公区多联机同样在上班时段开启,每天开启时间较为固定。室内机的温度设定由室内人员自行控制。多联机数量相比分体空调较少,但单台功率较高,多联机空调耗电占总能耗比例的25%。因此,多联机更具有节能潜力和改造价值。

7.6.4 改造方案

照明灯具改造:照明设备在保证照度指标要求的前提下,对原有使用普通荧光灯管、节能灯的区域约2300只灯具进行灯具替换,可实现同等环境照度的情况下,节电50%以上,使用寿命是传统灯具的10倍,同时LED灯具中不含铅,不含水银,对环境起到重要保护作用。使用LED高效节能灯替代现有普通灯具,可提高光效,降低能耗,延长使用寿命,减少维护成本。照明灯具样品见图7.15。

图 7.15　LED 照明灯具样品

建设分体空调智能管理系统:针对分体空调现状,加装分体空调集中监控装置,对所有分体空调进行集中控制,排除空调使用不当的情况。分体空调智能监控系统由后台远程控制软件、智能路由器、空调管家三部分构成,结合电力线载波通信技术及微功率无线通信技术,通过实时的遥控、遥测、遥调、遥信对建筑各个房间的分体空调进行有效的管理和维护,是以高科技手段为支撑的节能、可靠、稳定的空调节能监控系统。智能空调管理系统见图7.16。

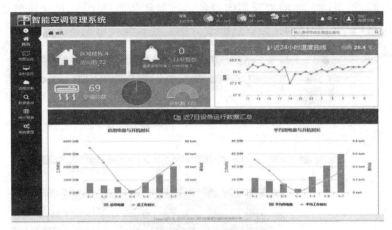

图 7.16　智能空调管理系统

多联机空调系统改造：针对该政务中心第二办公区多联机现状，对 B 楼分布集中的多联机加装喷雾冷却装置，将现有风冷系统改为蒸发冷却系统，降低制冷机组冷凝压力。有效降低室外机冷凝器周边的环境温度和翅片的表面温度，提高冷凝器的换热效率，加快了制冷剂蒸汽的冷凝速度，提高系统运行效率，达到节能的目的，此外，对多联机空调系统冷媒添加节能添加剂，提升主机效率。添加剂通过清除金属管壁表面上的油膜，形成一层保护层，提高润滑能力，减少磨损，增加换热系统的换热效率，从而达到节电 8%～30%的目的。对现有多联机设备加装集中控制器及上位机软件实现空调设备的集中管理、节能减排、远程监控、电量划分等功能。喷淋雾化系统原理见图 7.17。

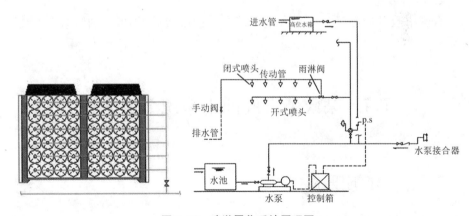

图 7.17　喷淋雾化系统原理图

建立分项计量及能源管理平台：建立起综合能耗监测和管理应用平台，通过应用高技术结合度、高成熟度、高可靠性的能耗监测系统解决方案，建立能耗计量采集系统及数据监管中心，可在线实时显示各用能设备运行参数值和运行状态，并可对设备进行远程控制,实时查看用能设备运行参数和运行状态,对建筑整体及分项用能情况进行全面的自动化监管及能效分析。建筑能耗监测系统见图7.18。

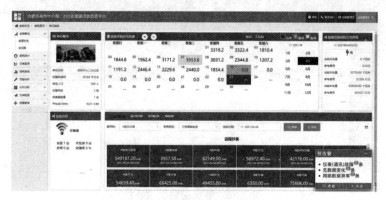

图 7.18　建筑能耗监测系统

7.6.5　改造效果

1. 环境效益

通过节能改造,可实现照明系统年节电 8.6×10^4 kW·h,分体空调及多联机空调系统年节电 1.3×10^5 kW·h,能耗监测平台系统年节电 1.5×10^4 kW·h,合计 2.31×10^5 kW·h,年综合节电率达 15.58%,减排 28.532 t 标准煤,减排 74184.39 kg 二氧化碳。

2. 经济效益

合肥市政务中心第二办公区进行综合节能改造后,年可节约财政资金 17.3 万元。

7.7　某政务大厦配电系统节能改造

7.7.1　建筑概述

该政务大厦总建筑面积约为 6×10^4 m^2,入驻办公人员 1000 余人。大厦分为 A 区、B 区和 C 区三个区,其中 A 区和 C 区均为 5 层建筑体,B 区为 22 层建筑体。项目实景见图 7.19。

图 7.19 某政务大厦

7.7.2 供配电系统概述

1. 供电规模

政务大厦总的供电规模为 7000 kVA,其供电配置见表 7.10。

表 7.10 政务大厦供电配置表

供电区域	变压器规格 (kVA)	数量	备注
A 区、B 区办公综合用电	1250	2	—
C 区办公综合用电	1250	2	—
A 区、B 区、C 区空调用电	1000	2	—

2. 用电特点

政务大厦内用电负荷主要是办公用电,包括办公设备、照明设备及电梯、空调、风机等动力设备,其用电特点如下:

(1) 办公综合体一般用电成本相对较高,究其原因可能是感性负载过多恶化了电网的电能质量;负载配电不匹配,三相不平衡度过大,线路损耗过大;且多为高峰期用电等;

(2) 用电高峰季节多为夏季和冬季,其中 6 至 9 月份用电较多,此阶段多为空调大量使用的季节,用电低谷季节多为 1 至 5、10 至 12 月份,大小用电量月份的用电差值可达 2~3 倍;

(3) 此类办公综合体用电量还受人气指数、年度气候条件、办公人数、人流量及设备的影响;

(4) 此类办公综合体用电量总体呈现增加趋势,该趋势的产生可能不是因为工作习惯和节能意识导致的,而是用电设备增加和用电人数增加导致的。

(5) 政务大楼平均日用电时间在 10.5 h 左右,全年用电天数在 300 天左右,普遍用电时间较长,且基本都在用电高峰期用电。上述办公综合体电费执行的是"峰—谷—平"商业电价,平均电价为 0.90 元/度。

7.7.3 电能质量存在问题分析

政务大厦综合配电管理很到位,设备使用也很规范,但由于负载的配比、负载用电的随机性及电网供电的偏差等原因,现场也存在一些电能质量的问题,主要表现在如下几个方面:

(1) 电压存在着 5%～7% 的电压偏差,增加设备的能耗且对设备的使用寿命也有影响。

(2) 电压有一定幅度的波动,特别是夏天,波动较频繁,电压的波动变化对灯具、办公设备的正常使用和使用寿命都会有不利的影响。

(3) 由于现场单相负荷实际使用时不匹配,存在三相不平衡度现象,造成电网效率部分下降,用电效率降低。

(4) 运行的用电设备主要是照明、空调、中央空调机组、电梯、电热水器、电脑、传真、打印机等,其中大量存在的非线性负载,产生大量的高次谐波,也会极大地影响用电设备的使用效率和使用寿命,增加线路损耗;2017 年已作无功补偿改造,目前功率因数补偿情况良好。

(5) 灯具采用的是 LED 灯、荧光灯等,此类灯具都是感性灯具,电压的敏感度较高,其非线性特点对电网的影响较大。

(6) 用电的计费方式一般采用"高压侧计费",办公楼一般要承担线路上的损耗,无形中也增大了用电成本。

7.7.4 改造方案

鉴于上述情况并结合实际的供配电情况及关键负载的运行情况,大厦管理中心在听取了专家论证意见后,拟对其用户侧的配电系统进行分期分步骤的效能提升改造,首期项目对 A 区的照明、办公及非生产用电进行改造,通过招投标落地并已通过验收。

增加电磁式电能质量优化装置,在 A 区的 1♯变压器和 2♯变压器的照明、办公及非生产用电配电系统中串联安装 GESPU 系列电磁式电能优化装置,串联入配电系统的装置提供旁路功能,以确保供电安全。改善 A 区配电系统的电压质量,解决现场供电的电压偏差、电压波动及三相不平衡等问题。

通过以上节能改造措施,减少设备的维护量 20% 左右,延长设备的使用寿命

30%左右,综合节电效果10%左右。设备接入的一次系统图见图7.20。1#变压器、2#变压器装置接入系统示意见图7.21、图7.22。

安装施工现场照片见图7.23。

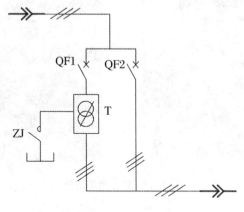

图7.20　一次系统图

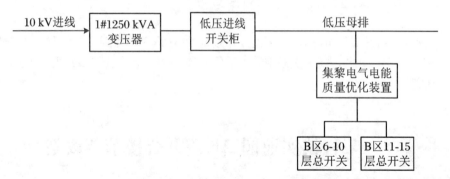

图7.21　1#变压器配电系统安装示意

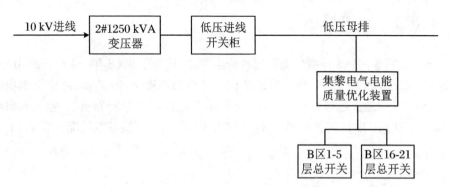

图7.22　2#变压器配电系统安装示意

图 7.23 安装施工过程

7.7.5 改造效果

设备投用后,工作可靠,状态稳定,有效地解决了 A 区照明、办公及非生产用电系统的电压偏差、电压波动和三相不平衡问题,综合节电效果 9.60%～10.21%。

7.8 某科技实业园 A6 楼办公楼节能改造

7.8.1 建筑概述

该科技实业园 A6 楼属二类高层科研生产楼,始建于 2008 年,竣工于 2010 年,为地上十二层,地下一层混凝土框架结构。建筑总高度为 46.7 m,总建筑面积为 26217 m^2,其中地上建筑面积为 23993 m^2,地下建筑面积为 2674 m^2。空调面积约为 16595.69 m^2,项目实景见图 7.24,围护结构、各用能系统基本情况见表 7.11。

图 7.24 某科技实业园 A6 楼

表 7.11 建筑主要情况表

序号	系统名称	主要内容	示意照片
1	建筑围护结构	外墙采用 200 mm MU10 混凝土空心小砌块加 M5 混合砂浆,35 mm 挤塑聚苯乙烯保温板;屋面保温采用 40 mm 挤塑聚苯乙烯保温板,层间楼板保温材料为 30 mm 挤塑聚苯乙烯保温板,地面保温材料为 30 mm 挤塑聚苯乙烯保温板	
2	供暖通风空调系统	逐层配置多联机组,每层配置 1~4 台多联机组,配备的外机主要规格有 GMV-615 W/A、GMV-450 W/A、GMV-400 W/A、GMV-560 W/A、GMV-785 W/A,总制冷量约为 815 kW,总制热量约为 916 kW,室外机总电功率约为 248 kW,制冷综合性能系数(w/w)在 7.1 以上,均为一级能效水平	

续表

序号	系统名称	主要内容	示意照片
3	配电系统	2台SCB10-800/10型变压器,1用1备,经母联后供整栋大楼低压用电	
4	照明系统	照明系统所用灯具全部为节能型LED灯具,办公室、大厅、走廊灯区域灯具采用手动控制,楼梯道照明灯具采用声感自动控制	
5	电梯系统	三台西继迅达WB4-2-1.5/1000型同步电梯,单机功率为9.8 kW,额定运行速度为1.5 m/s,无联动系统	
6	供水系统	大楼1至7层供水采用2台CDLF16-5FSWSC型变频水泵,额定流量为16 m^3/h,扬程为58 m,额定功率为5.5 kW,效率为63.7%。高区8、12层采用2台CDLF16-6FSWSC型变频水泵,额定流量为16 m^3/h,扬程为70 m,额定功率为5.5 kW,效率为63.7%。拖动电机均为Y2-132S1-2	

续表

序号	系统名称	主 要 内 容	示 意 照 片
7	室内设备	电脑、打印(复印)机、服务器机房、电开水器、投影仪等	
8	其他	无能源在线监测系统,无可再生资源利用	

7.8.2 改造模式

该项目节能改造采用合同能源管理模式,业主与节能服务公司签订8年期合同,由节能服务公司全额出资,严格按照业主需求出具节能方案进行节能改造,涉及可再生能源利用、供暖通风系统、电梯、供水、照明、能源远程监测等。合同双方约定参照改造前2018年的能耗水平,以改造前后实际节电量或节能率为依据,根据《**市公共建筑能效提升重点城市改造项目节能量(率)核定方法(试行)(第四版)》、《公共建筑节能改造节能量核定导则》(建办科函[2017]510号)规定的节能量核定方法进行核定,业主与节能服务公司约定按每年支付固定金额的方式分配8年期节能收益。

7.8.3 节能诊断

1. 用能分析

(1) 用能总体分析

根据该科技实业园A6楼2018年的能耗数据统计分析,分析结果见表7.12,结果表明建筑2018年能源消耗总量为178.86 tce,2018年大楼办公人员约290人,则单位面积常规能耗指标为6.82 kgce/(m^2·年),人均能耗指标为616.76 kgce/(人·年)。

(2) 用能分项分析

建筑变压器进线端,各层办公用电、生活供水用电、电梯用电、地下室照明、地下室排水、楼顶东楼道1、楼顶东楼道2等均安装了电表,可明确各分项能耗所占比例,建筑2018年各用电系统电量分布见表7.13、图7.25。

表 7.12　建筑 2018 年总体用能统计表

能源种类	2018 年	
	实物量	折标准煤量
电/($\times 10^4$ kW·h)	610440	178.86

注：电力等价值折标系数取 2.93 tce/($\times 10^4$ kW·h)。

表 7.13　建筑 2018 年各用电系统电量分布

用电系统	电量(kW·h)	占比
办公用电	532320	87.20%
供水用电	17221	2.82%
电梯用电	11736	1.92%
其他用电	49163	8.05%
合计	610440	100.00%

注：办公用电中含空调用电，其中空调改造区域空调用量约为 148479 kW·h，约占改造区域建筑总用电量的 60.9%，空调平均运载负荷率为 27%。

2. 用能系统及可再生资源利用分析

该建筑 2008 年开始建设，2010 年竣工，按公共建筑 50% 节能标准执行设计，外围护结构热工性能满足《夏热冬冷地区公共建筑节能设计标准》(JGJ 134—2001)，或《公共建筑节能设计标准》(GB 50189—2005) 要求。本次诊断重点分析其用能系统及可再生资源利用情况。

(1) 可再生资源利用

建筑无可再生资源利用措施，根据现场调研大楼楼顶平坦、受力条件良好、周围无任何遮挡，日照条件非常良好，非常适宜屋顶分布式光伏建设。大楼屋顶总面积约为 1600 m²，实际可建设面积不低于 1000 m²，可建设分布式光伏电站。

(2) 能源计量

建筑水电计量器具相对齐全，水计量 4 个，电计量 53 个；能源计量基本满足建筑能源分项统计的需求。但由于所用表具全部为传统的手抄电表，需要物业电工定期进行人工抄表，工作量大且统计、分析误差较大，不能及时发现能源使用过程中存在的跑冒滴漏等问题。

(3) 供暖通风空调系统

该建筑逐层配置多联机组，根据办公情况每层配置 1～4 台多联机组，配备的外机主要规格有 GMV-615 W/A、GMV-450 W/A、GMV-400 W/A、GMV-560 W/A、GMV-785 W/A，总制冷量约为 886.50 kW，总制热量约为 922.50 kW，室外机总电功率约为 267.24 kW，制冷综合额定系数在 7.1 以上，均为一级能效水平。

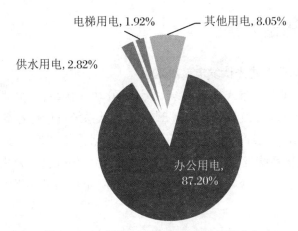

图 7.25　建筑 2018 年各系统用电比例分布

根据现场调研,确定办公楼空调系统主要存在以下电能浪费现象:

办公室在不使用空调的情况下,室内及室外机一直保持通电状态,存在电能浪费;

办公室在无人的状态下,存在空调忘记或未能及时关闭的情况;

在使用空调季节,存在温度设置不合理(夏季设置温度过低、冬季温度过高)的现象;

办公室众多且空调分布广,增加了空调管理的难度和工作量,导致电能浪费问题发现不及时。

(4) 照明系统

照明系统所用灯具全部为节能型 LED 灯具,办公室、大厅、走廊灯区域灯具采用手动控制,楼梯道照明灯具采用声感自动控制。其中走廊、电梯间存在长时间无人而灯光一直亮着的现象,引起不必要的电能浪费。

(5) 电梯系统

电梯系统采用三台西继迅达 WB4.2.1.5/1000 型同步电梯,单机功率为 9.8 kW,额定运行速度为 1.5 m/s。三台电梯分别控制,无联动系统,经常出现空载运行情况。

(6) 供水系统

现有 2 台隔膜气压罐气囊破损无法修复,导致供水系统无法保证小流量保压,水泵启停频繁,能耗较大。供水水泵控制柜、供水泵年久老化,故障不断。经常出现供水水压不足及无法供水现象。

7.8.4 改造方案

1. 建筑屋面分布式光伏发电系统建设

在大楼楼顶建设分布式光伏系统,共计 270 块光伏组件,分别接入 2 台逆变器。该地区全年平均峰值日照时数为 3.69 h,光伏系统设计总容量为 89.1 kW,考虑各种因素影响,系统综合发电效率约为 85%,则首年理论年发电量为 1.02×10^5 kW·h。光伏系统发电由逆变器交流输出到交流并网柜,再由交流并网柜接入用户变低压侧 0.4 kV 汇流母排。建筑楼顶光伏发电系统建设示意见图 7.26。

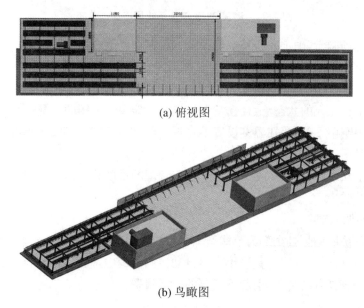

(a) 俯视图

(b) 鸟瞰图

图 7.26 建筑楼顶光伏发电系统建设示意图

2. 公共建筑能源管控平台建设

公共建筑能源管控平台建设主要包括数据采集系统、通信网络系统和应用软件系统,对办公大楼内的能源系统、空调系统、照明系统等重点用能设备或重点用能单元等实施集中扁平化的动态监控和数字化管理,实现办公大楼的高效节能和精细管理。

在该公共建筑能源管控平台安装 53 个电力监测点,4 个水监测点,共计 57 个能源监测点,并整合空调管控系统 105 个末端风机、15 个室外机与智慧照明系统 52 个灯光控制回路,实现能源监测与管控并行。建筑能源管控平台见图 7.27。

图 7.27　建筑能源管控平台首页功能界面

3. 空调智能管控

利用智能远程空调控制器,配置有红外控制模块、强制电源控制模块、远程通信模块、红外控制模块等,能学习带有遥控器的空调及其他设备的红外码值。模拟遥控器发送控制指令,不需要改装或拆装空调,使空调远程控制更智能、更便捷。空调智能管控见图 7.28。

图 7.28　空调智能管控软件界面

智能远程空调控制器配置有强制电源控制模块,可按温度、时间等控制条件智能控制空调电源的断开和闭合。远程通信模块可利用 RS485 远程通讯模块组网,利用后台控制软件实现对空调的开关、温度、风速、运行模式等进行控制。智能远程空调控制器还自带温度传感器,能感知其所在地的温度信息,通过温度的实时监测、后台系统的温控策略实现空调的智能调节和开关,保持空调所在地的温度处于指定的合理状态范围,从而达到节能、远程集控管理的目的。

系统设计120个监测和智能管控点,分别是室内机测点105个、室外机测点15个(其中室外机测点配置电量计量功能)。

4. 智慧照明

针对办公大楼的电梯间、走廊、展厅等公共区域的照明系统,基于人体感应、环境亮度、日出日落时间以及自定义控制策略等实现对照明系统的智能控制,系统共设计安装52个灯光控制回路。智慧照明控制见图7.29和图7.30。

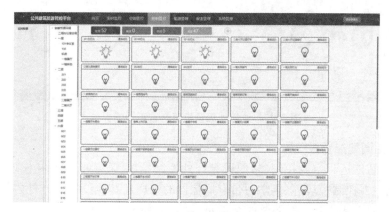

图7.29　智慧照明软件界面

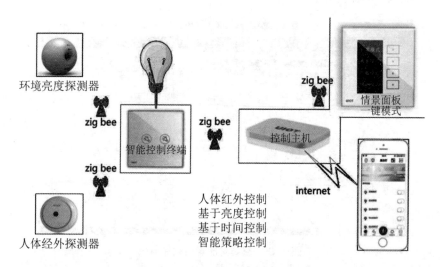

图7.30　智慧照明控制系统示意图

5. 电梯系统节能改造

电梯系统节能改造通过对大楼现有的三台电梯进行改造,增加群控系统错误销号功能。群控系统可大幅减少电梯不必要的空载运行,从而减少电梯能耗,预计全年可减少电梯能耗30%以上。

6. 供水系统节能改造

将现有铸铁蝶阀、过滤器更换为不锈钢材质蝶阀、过滤器,提高用水安全和卫生系数。现有两台隔膜气压罐气囊破损无法修复,导致供水系统无法保证小流量保压,水泵启停频繁,能耗较大,更换两台隔膜气压罐,起到节能作用。现有两路供水系统,共计4台供水水泵,拖动电机型号均为 Y2-132S1-2,属于国家明令淘汰设备,现更换为高效节能型。现有供水系统控制柜设备老化严重,故障不断,现更换为新型变频控制系统。泵房供水管网局部改造,提高供水系统安全和稳定性。预计全年可减少供水系统电耗30%以上。

7.8.5 改造效果

1. 环境效益

根据《**市公共建筑能效提升重点城市改造项目节能量(率)核定方法(试行)(第四版)》、《公共建筑节能改造节能量核定导则》(建办科函[2017]510号)规定的节能量核定方法进行核定。本项目实施节能改造后节能效果显著,空调系统能耗下降30%,电梯系统能耗下降49.25%,供水系统能耗下降46.85%,光伏首年发电量为 10.2 kW·h 实现建筑总能耗下降 16.71%,能耗监测平台实现建筑总能耗下降1%。按2018年全年用能数据计算,可实现节电量 172378 kW·h,折合标准煤为 50.3 t/年,年减排 124.24 t 二氧化碳,改造后综合节能率为28.13%。

2. 经济效益

按照该建筑现有商业电价 1.1 元/(kW·h) 计算,可实现直接的节能收益约 19.45 万元,因电梯系统改造、供水系统改造后能有效减少维修率,进而减少维保费用支出,预计年减少维保费用 2 万元,该项目改造总投资为 193.8 万元,静态投资回收期 9 年,考虑政府补贴后,静态投资回收期为 6 年。

7.9 某中学节能改造

7.9.1 建筑概述

该中学(图7.71)创办于1956年,当时为初级中学,1970年开始招收第一届高中学生,成为一所完全中学。该中学新校区占地面积约为 9.3×10^4 m², 建筑面积约为 1.4×10^5 m², 规模为120个班级,能容纳6000名学生(50生/班)就读,其中住校生拟为4200人。

该校主要建筑分教学楼、实验楼、图书行政楼、学生公寓楼等。

该校分两个阶段对校区实施节能改造,第一阶段为:2019年4至5月期间,主要是针对教学楼A楼、教学楼B楼、教学楼C楼进行供暖通风空调系统、照明系统、其他用能设备实施监控,并建立建筑用能监测及控制系统;第二阶段为:2020年5至6月期间,延期一期的改造内容,对其男女生宿舍楼、行政楼实施节能改造,大大提高了改造区域建筑的能效指标。

图 7.31　该中学大楼

7.9.2　改造模式

项目采用合同能源管理模式,由节能服务公司负责在不降低建筑应有的室内环境品质和室内舒适度的情况下,针对建筑的供暖通风空调系统、照明系统和监测与控制系统实施能效提供改造方案。项目预计的投资回收期为6年。

7.9.3　节能诊断

改造前,学校建筑物中的教室、办公室的照明及风扇的开关控制还是使用传统的面板开关进行控制,在光照充足的情况下仍然开灯,经常下课人走灯未关。如遇特殊情况需要开关照明和风扇时必须相关人员到现场手动调整,费时、费力,且工作人员每次上下班后大多忽略关闭照明设备,造成了电能损耗。

楼层热水器是长时间开启加热的,在晚间或节假日期间没有使用时造成能源的浪费;每个教室有两台空调,通过楼层配电箱控制每层教室的空调。由于需要人工控制开关,无法集中管理,不仅浪费人力,而且往往由于人的疏忽,容易造成不必要的能源浪费,且空调长期工作,存在安全隐患。

根据现场情况诊断如下:

1. 供暖通风空调节能诊断分析

（1）空调插头长时间不拔造成空调待机能源的浪费，由于管控不到位，在空调季节，存在人走不关空调及课后教室无人的情况下空调正常开启的现象，导致大量电能浪费；

（2）非空调季节（提前或延长启动）使用空调造成的能源浪费；

（3）在空调的使用季节，冬季设定温度过高、夏季设定温度过低导致的能源浪费。

2. 照明系统节能诊断分析

仍采用人工投切的方式进行管控，自动化管理水平低无法实现按需使用，照明系统能耗及管理成本较高，无法实现按需照明。

3. 生活热水器节能诊断分析

电热水器系统提供生活热水，设备分散在各个楼层，不利于集中管理维护，存在一定的安全隐患。

4. 建筑用能监测及控制系统

学校各建筑及用能系统管理分散，各建筑用能浪费较多，缺少对设备进行最优化的管理，未进行能源分类以及分项计量监控措施，导致无法有效节约能源以及能源消耗分析，形成了很大的资源浪费与数据缺失。

节能改造方案如下：

采用电力载波通信技术，利用原有电力线传输进行照明系统、空调系统、热水器、供配电系统等智能化改造，项目改造施工主要在楼层或者室内配电箱中，改造施工方便，工期短，不影响正常使用，不改变建筑结构，安装完成后，可对用能设备进行场景、定时、区域等不同模式的精细化管理，同时可实现对能耗数据的实时在线监测分析、整体用电安全的监管。

7.9.4 改造方案

1. 照明灯具节能

照明节能改造不能简单地把照明节能理解为单纯的灯具替换，采购通用LED灯具替换进行照明节能，而是要根据现场宿舍的光环境要求，进行科学、安全的节能改造。

考虑到环境对灯具的影响，灯具对学生学习的影响，需降低灯具故障率。

根据照明灯具的测试结果，结合学校自身需求，对现有照明进行更换。所更换灯具的色温、功率密度、显色指数等指标符合标准要求，并确保改造后的照度值不低于改造前的照度值。

2. 设备的远程集中管控

通过在现场的配电房或楼层配电柜中，安装使用电力载波通信技术的载波智能控制模块,让操作人员对指定的楼层的照明、空调设备用电进行单回路或者多回路控制,可按照楼层或按区域控制等;控制方式既可以采用自动脱网工作模式,也可以使用远程访问。

3. 公共区域照明智能控制

建筑公共区域照明节能控制应该可以根据校区各区域的照明特点,在深夜自动关闭部分非重要部分的照明灯具,以节约电能。针对公共区域走道、卫生间、楼梯间设置智能控制,可根据所需开启,避免灯具长明造成浪费,此项改造可根据日常维护进行零星改造。

4. 定时控制

根据作息时间,针对教学楼晚间不使用期间,对教室空调、照明、插座进行断电,进行夜间统一断电设置。

5. 负荷控制

对于宿舍插座用电进行管控,特别地对插座回路进行实时监测及控制;在预设的负载限制之前可以保证正常的供电,当发生超过预设的负载限制之上进行安全保持,避免安全事故发生,防患于未然。

6. 电开水炉分时控制

对校区内电开水炉智能控制箱可按工作日程表开/关电开水炉供电回路的自动化控制及远程监控,降低电热水器能耗。

7. 空调系统分时、温度控制

针对分体空调的供电及使用特点,节能方案采用在分体空调的供电回路上改造成智能插座,在实现计量及控制双重功能的同时,还可对各种电力参数进行实时测量。

通过依据温度高低的不同,将原有分体空调夏季空调温度设定值不低于24 ℃,冬季空调温度设定为不高于22 ℃。通过降低室内外温差降低机组的运行能耗。同时在空调季节非工作时段、非空调季节进行切断控制,大幅减少待机能耗。

8. 分项计量

对每栋楼的照明、空调用电、插座用电进行分类分项用能单独计量,便于能源管理及核算。

具体措施如下:

(1) 供暖通风空调系统改造

对学校分体式空调实现自动化节能控制,加装电力载波多路控制模块对空调遇行分时、分区控制,在过渡季节切断空调电源,减少空调用能及待机能耗。

(2) 照明系统节能改造

对于照明各回路加装电力载波多路控制模块,智能电表、电力载波物联网采集器,根据学校教职工及学生的工作时间段、夜间巡检时间以及学校特有的寒暑假等,对区域内的照明进行节能自动化控制。

(3) 宿舍负荷监测改造

对于宿舍中的插座用电汇总加装采用电力载波技术研制成的具备可编程的芯片的模块,对于插座进行负载控制,并依据作息进行管控,保证安全,防止意外的发生。

(4) 其他用能设备节能改造

对于其他用能设备回路加装电力载波智能电力控制器,将原电热水器的空开电源线接入到控制器输入端,输出端接热水器负载,智能电表、电力载波物联网采集器则可以对热水器的用电数据进行分析,通过添加电力载波智能电力控制器将原空开下的负载线接到电力控制器的输入端,控制器的输出接需要控制的负载。电力载波物联网采集器、智能电表安装在配电箱内,达到对显示屏远程控制效果。

(5) 建筑用能监测及控制

通过安装在建筑电力设备上的多种传感器和现场电力载波监测装置,远程在线监测、监视建筑电力设备的运行设备及设备周围的环境情况。对各类型用能设备能耗数据进行实时采集与实时分析。

7.9.5 改造效果

1. 环境效益

该中学通过对教学楼,图书行政楼,1♯、2♯、3♯、4♯四栋公寓内照明、风扇、空调、热水器进行智能控制,改造完成后可根据作息时间定时控制,一年节省能耗约 468882.80 kW·h,折合标准煤 136.82 吨,年度二氧化碳排放可减少 337.95 吨,节能率约为 13%。

2. 经济效益

该中学进行综合节能改造后,年可节约财政资金 32.82 万元。

7.9.6 可推广亮点

系统设备通信采用通过电力线传输,安装无须布专线、无须穿墙凿洞,属于无创性施工;系统网关最多可管理 6 万个点位,可增容及拓展性强;系统设备迁移变更方便,无须重新架设信号线系统,只需将系统产品更换位置,重新接入电力网络即可;系统功能强,水、电、气、热、冷五大领域监控集于一体;能够实现点位控制,该点位可以是任何一个用电设备;采用电力载波通信技术的系统设备,兼备有线长距离组网的特点和无线无需综合布线的优势,在未来节能监管系统的建设中的具有广阔的应用前景。

7.10 某医院急救中心节能改造

7.10.1 建筑概述

该医院急救中心大楼(图7.32)于2004年投入使用。该大楼地上12层,地下1层,总建筑面积为19360 m^2,其中,地上建筑面积为16930 m^2,地下建筑面积为2430 m^2。急救中心大楼第三层与干部保健楼通过连廊连通,此次同时对干部保健楼第三层进行了改造,干部保健楼第三层建筑面积为2230 m^2。

图7.32 某急救中心大楼(改造后)

医院急救中心大楼节能改造项目申报书和改造方案:本次改造范围为医院急救中心大楼地上部分和干部保健楼第三层,改造开始时间为2016年6月,完成时间为2018年9月。改造对急救中心平面布局进行了重新调整,抢救室设在一层,急救门诊设在二层,急诊留观与输液室设在三层,儿科设在四层,ICU设在八层,手术室设在九层,其余各楼层为病房,改造后病床为360张,改造后总建筑面积为19995 m^2,其中,地上建筑面积为17559 m^2,地下建筑面积为2436 m^2。干部保健楼第三层改造后建筑面积为2250 m^2。

7.10.2 改造模式

该项目由医院自筹资金,自行改造。根据项目实际情况以及业主要求设计节能方案进行节能改造,改造内容主要涉及空调系统、照明系统、围护结构改造三个方面。

7.10.3 节能诊断

外墙体为240 mm厚非承重黏土空心砖墙,无保温,外墙饰面为涂料饰面,外窗为铝合金单层(6 mm)玻璃窗,院内空调的使用时间每年大概在4个月,教室内的平均使用时间约为8个小时,办公室使用时间约为8个小时,宿舍使用时间约为10个小时。

供暖通风空调系统采用中央空调系统,冷热源分别由螺杆式制冷机组和螺纹管换热器供给,热源由城市热网供给0.4 MPa以上压力的蒸汽。抢救大厅、洁净手术室、ICU病房等空调系统单独设置,冷热源为设置在屋顶的热泵机组。

在空调季,螺杆水冷式中央空调系统全天候运行,水泵采用定频模式,电机以额定转速运行,用户端未进行有效的时间和温度管控,水泵和电机未根据负荷的大小进行变频运行,造成空调系统能耗的浪费。

急救中心和干部保健楼第三层采用普通日光灯,未进行有效管控,能耗较大,用能管理采用人工管控模式,由于人为因素导致管理分散,能源浪费较多。因缺少对设备进行最优化的管理,未进行能源分类以及分项计量监控措施,导致无法有效节约能源以及进行能源消耗分析,造成很大的能源浪费与数据缺失。

7.10.4 改造方案

1. 围护结构改造

该项目围护结构节能改造措施有:① 外墙采用50 mm厚半硬质憎水型岩棉保温板;② 屋面采用170 mm厚匀质防火保温板;③ 架空楼板采用60 mm厚半硬质憎水型岩棉保温板;④ 外窗更换为断热铝合金低辐射(6Low-E+12A+6)中空玻璃窗。

2. 供暖通风空调系统

该项目空调系统节能改造措施有:① 门厅设机械排风,排风设置热回收装置,过渡季节全新风运行;② 通风、空调设备均更换为高效低噪型,新风机、空调器送回风管均设置了消声器;③ 机房采用自动控制技术,空调水泵采用变频模式运行;④ 部分特殊区域(药房、检验科等)增加了多联机空调系统,信息中心机房采用了精密空调系统。

3. 照明系统

照明系统节能改造措施有:① 一般场所均更换为 LED 节能型光源;② 插座回路、电开水器回路、室外照明灯具回路均设漏电保护;③ 住院病房与护理单元走道设置夜间照明,病房采用防眩光的格栅式荧光灯;④ 候诊区、消毒室、洗消间等场所预留紫外线消毒器插座回路。

4. 建设能耗监测系统

该项节能改造措施有增加建筑能耗监测系统及自动控制系统。急救中心大楼能耗监测系统见图 7.33。

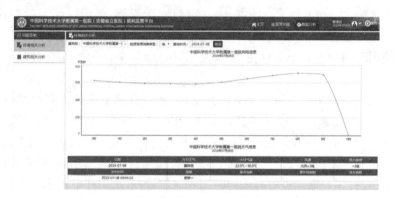

图 7.33 建筑能耗监测系统

7.10.5 改造效果

1. 环境效益

医院急救中心通过节能改造后,每年节电量为 3.488×10^5 kW·h,节约 101.78 t 标准煤,减排二氧化碳 251.40 t,节电率为 20.43%。

2. 经济效益

医院急救中心进行综合节能改造后,年节能效益 20 万元。

7.11 某大酒店节能改造

7.11.1 建筑概述

该大酒店是一座集商务、休闲、餐饮、娱乐为一体的五星级大酒店(图 7.34)。

酒店由所属城市政务文化新区开发投资有限公司投资建设,全权委托某酒店管理公司经营管理。自 2009 年开业至今,社会效益、品牌效益得到市场的高度认可,成为该市唯一获得国家级"中国饭店金星奖"的饭店企业。酒店毗邻该省国际会展中心和市体育中心,宛若一颗璀璨的钻石镶嵌在所属城市政务新区的现代化建筑群中,地理位置优越。

图 7.34　某大酒店

大酒店占地面积为 18400 m^2,总建筑面积约为 6.5×10^4 m^2,拥有豪华客房 442 间、总床位数 599 个、中餐厅包厢 20 个、各种功能性会议室 10 个。项目改造前基准电力消耗为 7.35×10^6 kW·h,电费 344.22 万元,天然气消耗量为 5.765×10^5 m^3,燃气费用为 167.55 万元。

7.11.2　改造模式

该市文旅博览集团有限公司受该大酒店有限责任公司委托,对该大酒店综合能源管理项目进行公开招标,由中标方采取合同能源管理节能效益分享型模式全额投资进行节能改造,项目节能效益分享年限为 6 年,业主与节能服务公司效益分享比例为 20%∶80%。

7.11.3 节能诊断

1. 能耗管理系统存在的问题诊断

酒店能耗管理系统的计量目前只做到一级计量,即只有总计量,其他主要用电回路没有安装电表,整个用电不能进行精确拆分,无法精确掌握能源消费流向,供配电系统能耗监测比较粗犷。

(1) 无完善的系统能耗的计量

当前能耗系统的计量基本处于一级计量阶段,用能系统仅仅加装了总表,对一线使用的设备均没有进行计量,因此,无法获取综合楼各个能耗系统的详细数据。

完善各级计量设施已成为当前系统建设的首要目标,需建立金陵酒店用电能耗计量监测平台。

(2) 未实现能耗自动化管理

随着行业的技术和管理水平的不断进步,能源精细化管理是必然的趋势,而精细化管理的基础在于针对建筑所有能耗数据的采集、处理和分析,能源自动化管理势在必行。

能耗自动化管理含义较广,它包含了能耗数据的分类监测管理、能耗数据的对比分析管理、能耗数据的超标管理等。

2. 供暖通风及空调系统系统存在的问题诊断

(1) 供暖系统

金陵大酒店供暖时间约为4个月,即121天,供暖热源全部来自燃气锅炉。经现场了解,金陵大酒店的电费有峰、谷、平之分,谷期时间为晚11:00到早7:00,共8个小时,电费在谷期的价格每度电仅0.2367元。电锅炉为热水系统循环水加热,并在蓄热槽内进行蓄热,电锅炉在电费谷期工作2.5小时即可满足生活热水制备的需求,其余时间闲置。以1吨10 ℃的冷水加热到55 ℃为例,燃气锅炉效率:93%,燃气费单价:3.2元/m^3,电锅炉效率:90%,谷期电费:0.2367元/(kW·h)。

燃气锅炉和电锅炉需要消耗的费用见表7.14。由表中可以看出,电锅炉吨水费用比燃气锅炉低很多,在电锅炉闲置的时间开启电锅炉,支援供暖系统,有很大的节约能源费用的潜力。

表7.14 能源消费信息

设备	效率	吨水能源消耗量	能源单价	消耗费用
燃气锅炉	93%	5.98 m^3 燃气	3.2元/m^3	19.14元/t
电锅炉	98%	53.59 kW·h	0.2367元/(kW·h)	12.68元/t

(2) 中央空调系统

冷水机组已使用13年,制冷效率大大降低,且维护成本较大,且主机和蝶阀均需要操作人员手动开启或关闭,来实现主机切换。

4台冷水主机与楼顶的冷却塔独立的4个冷却水循环系统,主机与冷却塔必须一一对应,一旦主机对应的冷却塔出了问题,将导致主机无法使用,旁边的冷却塔也无法支援。

空调系统末端采用风机盘管加新风机的形式,大空间区域采用集中风柜。根据我司现场勘察及与现场工作人员交流,酒店共有240多间客房,客房都是采用的风机盘管加新风的模式。这些分散的盘管缺乏有效的集中管控,使用人员容易出现忘记关闭,酒店风机盘管使用面临无管控、能耗浪费等问题。

(3) 末端系统

酒店风机盘管使用存在无管控、能耗浪费等问题;新风机组和组合风柜无远程监控系统,无法实现远程对风柜的开关功能、及时控制风柜,应减少就地控制的工作量,并及时关闭设备,造成能源浪费。

3. 排油烟系统存在的问题

厨房油烟排风系统的排油烟风机,电机为工频运行,无论末端有无油烟,均恒定频率运行,造成能耗浪费;风机定时开启,并且需现场就地控制,造成控制不便。

4. 生活热水系统存在的问题

大酒店太阳能为真空管集热器,布置在酒店建筑屋面的钢架上,太阳能真空管的放置方式为东西横向放置,真空管放置角度近乎水平。

太阳能循环方式采用强制循环,循环冷水进水端管道安装循环水泵,保证水箱内的水进入太阳能集热器并完成循环加热。太阳能真空管的运行受天气影响较大,不可控因素较多,同时大酒店太阳能运行时间较长,很多真空管破损、炸管导致无法发挥搜集太阳能的作用。失去搜集太阳能能力的真空管约占真空管总数的30%。屋顶太阳能现状见图7.35。

(2) 蓄热电锅炉

酒店热水的另一个热源为蓄热电锅炉,电锅炉烧高温热水,高温热水储存在蓄热槽内,需要是高温热水通过换热器为生活热水系统侧的热水提供加热生活热水的热量。电锅炉的热效率约为90%,最大的效率不会超过100%,同时电锅炉先加在热蓄热槽之间循环水加热,然后蓄热槽里的高温再和生活热水之间换热。电锅炉加热的热水不停地在两个循环管道中流动,管道水流动会产生循环热损失,造成能换浪费。

图 7.35 屋顶太阳能现状

空气源热泵的 COP 在标况下约为 4,热效率为 400%,即使用 1 kW·h 的电量,可以产出 4 kW·h 的热量,远高于电锅炉的热效率。电锅炉在制备生活热水方面与空气源热泵相比,较为耗电,存在很大节能空间。

(3) 供水压力

酒店的屋顶有 10 m³ 容量的太阳能水箱,当水箱温度达到要求时,水箱内的水输送到负二层的 90 m³ 容量水箱内,酒店供水管网分为低区供水管网、中区供水管网、高区供水管网,三个供水管网的进水端连接负二层 90 m³ 容量的水箱。负二层水箱的补水来源有两个,一个为市政供水管网补水,一个为屋面水箱太阳能热水。两路供水输送至负二层水箱后,压力都被释放,余压没有得到利用,为将负二层水箱内热水输送到各个供水分区末端,靠近负二层水箱的供水管道上装有供水泵组,因没有利用余压,所以供水泵组耗电量较大。因高层供水分区楼层高,相同流量水泵的扬程最大,消耗的电力也最多,若能利用屋面太阳能水箱热水输送至负二层的余压,则有较大的节能空间。

(4) 末端串水

酒店热水系统有高中低三个供水分区,低区供水加压泵组为 3 台加压水泵并联供水,中区供水加压泵组为 4 台加压水泵并联供水,高区供水加压泵组为 3 台加压泵组并联供水。

3 台加压泵组采用恒压变频供水模式,供水压力根据冷水供水系统的设定压力选择,以期保证用水末端冷热水均匀。根据现场勘查发现,热水用水末端依然会出现冷热水串水问题,会在某个时段出现忽冷忽热的情况。经过对系统的分析查找问题原因,得出以下两个结论:

① 三个供水分区的加压泵组为并联供水,当用水末端用水需求变化,导致加压泵流量减少或增加,加压泵组会根据用水流量的需求和恒压供水设定,自动切换或改变水泵工作的数量,以此来满足用水末端的用水量需求。当泵组切换或水泵工作数量变化时,供水管网的压力会出现波动,可能造成用水末端热水管道侧的压

力不稳定,出现冷热水串水现象。

② 三个供水分区的加压泵组恒压变频供水,保持的恒压数值取自于冷水供水泵组的压力,热水加压泵组的恒压压力设定后一般不会变动,若生活冷水供水泵组供水的压力因故出现压力波动,热水恒压供水恒压数值也不会变化,进而导致供水末端的冷水管道和热水管道压力不均衡,造成冷热水串水现象。

5. 电梯用能系统存在的问题

在电机传动系统中,电机都不可避免地存在发电过程,即电机转子在外力拖动或负载自身转动惯量的维持下,使得电机的实际转速大于变频器输出地同步转速。电机所发出的电能将会储存在变频器直流母线滤波电容中,如果不把这部分电能消耗掉,那么直流母线电压就会迅速升高,影响变频器的正常工作,通常处理这部分能量的办法是增加制动单元或制动电阻,将这部分能量消耗在电阻上变成热能浪费掉。

由于发热,电梯机房需 24 h 开启空调,会造成一部分的能耗消费。

6. 照明系统存在的问题

酒店照明灯具大部分已经更换为 LED 灯具,还存在少数地方灯具仍采用传统的日光灯管,光效低下,能耗较大,发热量较高,显色性低下,灯管内含汞,废旧灯管处理时不环保,污染环境。现场照明灯具情况见图 7.36。

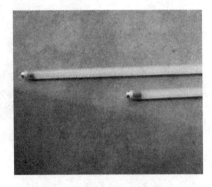

图 7.36 现场 T8 日光灯

传统灯管统计见表 7.15。

表 7.15 灯具统计表

灯具类型	功率(W)	数量	照明开启时间	控制方式
T8 日光灯	36	420	8:00—22:00	手动
T5 日光灯	14	360	24 h	手动
其他灯具	28	100	7:00—19:00	手动

7. 供水系统存在的问题

酒店供水时市政管网与水泵房内的不锈钢水箱相连接,带压的市政自来水进入不锈钢水箱后成为静水,压力为零,泄压造成能源的浪费,并且水储存水箱中,会造成二次污染。

7.11.4 改造方案

1. 磁悬浮机组更换

将原1台离心机组更换为海尔磁悬浮离心式冷水机组,制冷量同为600冷吨。当制冷负荷较低时,机组能效越高,充分利用磁悬浮低负荷时段的高制冷效率,从而达到大幅度的节能效果。磁悬浮机组与原2台离心冷水机组和1台螺杆冷水机组并联(图7.37)。

图 7.37 磁悬浮冷水机组

2. 水泵与冷却塔部分

更换的冷水机组和原系统主机同样制冷量,经核算,流量和扬程满足使用,水泵和冷却塔采用原设备。其他管件阀门,如:Y形过滤器、电磁阀、软件、压力表等,均为新增设备。进过改造后,节能率约35.46%(图7.38)。

3. 搭建中央空调节能控制系统

针对酒店大楼中央空调系统目前的运行工况,搭建一套由某公司自主研发的中央空调节能控制系统。通过对主机、水系统、风系统等的整体监测与智能控制,实现了设备节能、现代化管理节能及系统节能,具有良好的节能效果。

4. 中央空调冷却水管道改造

针对酒店中央空调冷却水系统现状,对冷却水系统管道进行改造。将在楼顶和机房将冷却水汇合再重新分配到各个冷却塔和冷水主机。改造后,冷水主机与

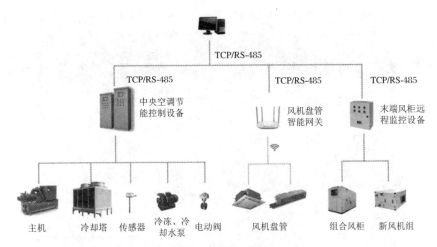

图 7.38 中央空调节能管理平台架构

冷却塔可以根据需要任意配对,在一些温度不高的过渡季节和晚上,只开 1 台主机的时候,根据温度情况,关闭冷却塔风机,打开所有冷却塔水路,直接通过 7 台冷却塔的分流把冷却水温度降下来(图 7.39)。

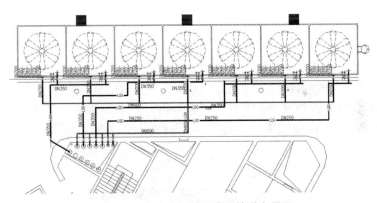

图 7.39 楼顶冷却塔改造后管道布置图

5. 风机盘管在线集中监控

针对酒店风机盘管使用所面临的无管控、能耗浪费等问题,建立风机盘管智能集中监控系统,实现空调集中管控及节能减排提供技术手段,将大楼风机盘管归入一个系统中统一远程集中管理。风机盘管智能集中监控系统并入中央空调能源管理平台(图 7.40)。

6. 新风机组、组合风柜控制改造

(1) 末端风柜控制

针对中央空调末端风柜能效控制技术,根据冷冻水水温动态优化风柜风量,合

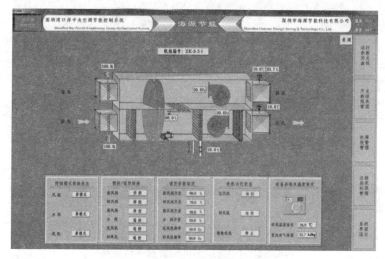

图 7.40 末端风柜控制示意图

理调整送风温度,跟踪负荷变化调整风柜风机运行速度,从而实现空调水系统和风系统联动控制。同时与海源中央空调末端集中节能管理系统对接,实现对空调风柜与中央空调冷源协调控制,实现冷源末端的高能效运行。

(2) 增加水阀与风机的联动控制

风柜关闭时,水阀联动关闭,减少冷量的消耗,从而达到节能效果。

(3) 加装传感器与变频控制

对新风处理机组加装二氧化碳传感器,实时监测室内二氧化碳浓度来调节新风量,并对风机进行变频控制,对组合式空气处理机组加装二氧化碳传感器与风机变频控制在保证室内新风量的前提下满足室内空气品质要求并实现节能运行,同时还要加装新风及回风温度传感器。通过对风机的变频和启停控制,可实现约30%的节能率。

7. 洗衣房空调冷源替换改造

洗衣房的洗衣、烘干、熨烫等大功率设备散热量较大,室内温度较高,原设置的全空气空调系统,风柜制冷功率为 272.4 kW,能耗较高。现采用替换冷源改造技术,在供冷的同时,回收洗衣房的热,回收的热用来制取热水供生活热水使用。

8. 厨房排油烟系统改造

对厨房排油烟风机进行变频改造。由于炉灶炒菜会产生大量的热和水蒸气,通过炉灶上方设置温湿度传感器,厨房室内设置一个温湿度传感器,通过二者采集数据的差值来控制风机的变频。采用智能变频控制改造,预计节约电机 30% 的能耗。

9. 供暖系统改造

(1) 供暖系统气候补偿装置改造

气候补偿器通过对室外温度连续监测,控制电动阀的开度,从而实现供暖系统中供暖水温与室外温度变化的自动气候补偿功能,实现按需供热的目标,在保证供暖品质的同时实现能源的节约(图7.41)。

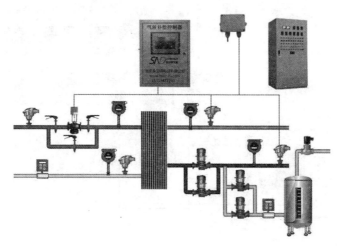

图 7.41　气候补偿控制系统架构

(2) 供暖热水循环泵变频改造

根据酒店供暖系统二次热源输送设置热水循环泵变频控制。安装热水循环泵变频器、热水供回水温度传感器,通过热源采集系统对供回水温度,采用基于变温差的变频节能控制技术实现对水泵的运行频率及运行台数的优化控制。经过改造,预计节能率可达 30%。

10. 电梯用能系统改造

针对电梯的发热问题,采取电梯安装能耗回馈装置的措施可很好地解决发热问题,并且起到节能的作用。采用电梯能量回馈改造,预计节约电梯 30% 的能耗。

11. 照明系统改造

将传统的日光灯管、节能灯等灯具,更换为 LED 灯具。经过照明系统改造,预计节能率可达 62%。

12. 无负压供水系统改造

根据现场勘查数据、供水系统配置及供水使用情况,将现有恒压供水系统改造成无负压供水系统,对原有供水系统进行改造,增加来水量少、空气进入、消除负压等控制逻辑。在市政管网供水充足的时,系统直接从市政管网抽水,利用市政管网余压,经加压后送给住户使用;在市政供水不充足的情况下,利用原有水池供水。采用无负压供水装置,充分利用市政压力,预计节约水泵 30%~40% 的能耗。

13. 生活热水系统改造

对太阳能真空管修复解决恢复太阳能热水系统供暖,并增加空气源热泵系统,增大系统补热水的前提下,减少耗电量;对供水泵改造能很好地利用补水余压,大大减少了供水泵的能耗;保温及工艺改造能保证蓄热水箱发挥最大作用,减少电锅炉利用峰、平期高价电；串水问题改造措施针对性的解决末端冷热不均问题（图7.42）。

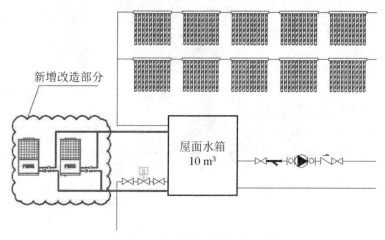

图 7.42　新增空气源热泵改造示意图

14．建设能耗监测系统

根据用户当前能耗系统现状及运维管理需求，系统建设的核心目标在于实现能耗系统计量的完善和能耗自动化管理，对后续节能项目节能效益的计量、监测、考核并预留与第三平台对接端口。能耗监测系统是通过云计算技术与物联网技术，通过采集、存储、分析用户的各项能耗数据，经过专家诊断系统，对重点能耗系统提供优化的控制策略及建议，并实现最经济有效的优化运行管理，帮助用户提高能源使用效率，提高能耗监测水平，达到节能降耗的目的。

（1）完善系统能耗的计量

当前能耗系统的计量基本处于一级计量阶段，用能系统仅仅加装了总表，对一线使用的设备均没有进行计量，因此，无法获取综合楼各个能耗系统的详细数据。

完善各级计量设施已成为当前系统建设的首要目标，建立酒店用电能耗计量监测平台。

（2）实现能耗自动化管理

随着行业的技术和管理水平的不断进步，能源精细化管理是必然的趋势，而精细化管理的基础在于针对建筑所有能耗数据的采集、处理和分析，能源自动化管理势在必行。能耗自动化管理含义较广，它包含了能耗数据的分类监测管理、能耗数据的对比分析管理、能耗数据的超标管理等。

7.11.5 改造效果

1. 环境效益

该项目通过合同能源管理综合节能改造后,节电量 154.37 万 kW·h,节约天然气 3.5 万 m^3,节约 235.8 吨标准煤,减排二氧化碳 613.08 吨,节电率为 16%。

2. 经济效益

合肥泓瑞金陵大酒店进行综合节能改造后,年节能效益 82.33 万元。

7.12 某大饭店节能改造

7.12.1 建筑概述

该大饭店是由某酒店投资有限公司投资兴建,委托某酒店管理有限公司全权管理的一家商务会议饭店。饭店周边有世纪金源购物中心、万尚百货,地理位置优越,交通便利(图 7.43)。

图 7.43 某大饭店

酒店总建筑面积为 45000 m^2,开业时间为 2013 年 3 月,主楼高 29 层,客房总数 307 间(套)。酒店负 1 层为地下停车库和能源站房,1 层为酒店门厅,2~3 层为酒店宴会大厅,冷却塔位于建筑屋顶。

7.12.2 改造模式

该项目节能改造采用合同能源管理模式,由节能服务公司全额出资,根据项目实际情况以及业主要求设计节能方案进行节能改造,改造内容主要涉及空调系统、生活热水系统、能耗监测三个方面。

7.12.3 节能诊断

1. 用能分析

该大饭店2018年全年逐月能源消耗情况见表7.16。2019年开始实施本次节能改造工程,故采用前一年的能源消耗情况作为用能分析的数据基础。所有能源类型的费用都依照酒店的缴费发票作为数据来源。由于本建筑的用能种类有两种,分别是电以及天然气,为便于分析按照等价原则折算成标准煤。其中电折算煤系数为 0.404 kgce/(kW·h),天然气折算标准煤系数为 1.229 kgce/m^3。最终得出该建筑2018年总用能为 2350603.7 kgce,折算成等价电后,年度总用能为 5818326.0 kW·h。

表7.16 2018年动力及锅炉能源用量

月份	电 量(kW·h)			气 量(m^3)	
	总计(带照明)	照明、其他动力	空调系统	燃气锅炉	生活热水
1	310020.0	220000.0	90020.0	92424.0	22500.0
2	245940.0	220000.0	25940.0	75783.0	22500.0
3	229500.0	220000.0	9500.0	48382.0	22500.0
4	253200.0	220000.0	33200.0	33666.0	22500.0
5	392520.0	220000.0	172520.0	29128.0	29128.0
6	465420.0	220000.0	245420.0	24031.0	24031.0
7	566340.0	220000.0	346340.0	21775.0	21775.0
8	549060.0	220000.0	329060.0	22183.0	22183.0
9	394500.0	220000.0	174500.0	22312.0	22312.0
10	259740.0	220000.0	39740.0	30023.0	22500.0
11	233280.0	220000.0	13280.0	49989.0	22500.0
12	273180.0	220000.0	53180.0	90946.0	22500.0
小计	4172700.0	2640000.0	1532700.0	540642.0	276929.0

2. 系统分析

(1) 空调系统

目前大饭店的主机机房设置在地下室,制冷机组共有3台。其中2台是制冷量为2100 kW的离心式制冷机组,1台是制冷量为350 kW螺杆式制冷机组。3台制冷机组都是2012年安装完成投入使用。在设计时设备制冷量的余量较大,在夏季非极端炎热天气情况下,只需要开启一台离心式机组即可满足建筑的制冷需求。

制冷机组配套的冷却水泵有3台,扬程65 m,流量465 m^3/h,功率132 kW。冷冻水泵3台,扬程29.4 m,流量385 m^3/h,功率55 kW。制冷机组冷却塔则位于楼顶共有3台。

生活热水及供暖系统,酒店使用燃气式锅炉,为建筑提供生活热水,同时向厨房以及洗衣房供应蒸汽,并满足冬季供暖制热需求。燃气锅炉共有3台,蒸汽产量为3 t/h。于2012年安装完成。配套2台换热机组,换热量为2790 kW。

(2) 其他情况

大饭店的能源动力系统缺乏分项计量系统,变频及自动控制系统。既无法统计系统中各类用能设备的运行状况,也无法高效、科学地对系统进行控制。除此之外,管网的阀门大多老旧,无法彻底关闭,保温层也破损严重,都会造成系统的稳定性降低,同时造成能源的浪费。

7.12.4 改造方案

1. 能耗监测系统

采用的监测和控制系统可以无缝对接建筑重点用能设备监控系统,形成"监测、分析、控制、优化"的节能闭环管理。我们专注建筑全生命周期的能源管控和优化技术,全力推进能耗监测平台在建筑节能中的应用。通过增加机房设备控制系统,增加分项计量系统,建立能源管理平台,在整理汇总之后,由软件后台形成多种形式的可视化能源消耗数据,最终实现对用能设备的耗能实时监测与控制。

该监测系统的主要功能有:

按照要求安装建筑能耗分项计量装置,进行水、电、气、热的能耗数据采集;

根据采集的能耗梳理,利用标准中心和评价中心模型进行用能诊断;

实现供暖通风空调系统整体监测与优化控制;

实现电能质量整体监测与报警;

依托本系统制定能耗定额和考核评价体系;

依托本系统做能源管理和节能物管服务,提高建筑能效。

2. 空调系统及生活热水供应系统

冷热源节能改造设置,酒店夏季空调制冷采用电制冷中央空调机组,冬季供暖采用燃气式蒸汽锅炉提供空调供暖换热。空调末端设备采用的时变频式风机盘管

+独立新风系统,节能改造制冷设备为2台离心式冷水机组,1台螺杆式冷水机组。离心式冷水机组制冷量为2100 kW,螺杆式冷水机组制冷量为350 kW。冷冻水供回水温度为7 ℃/12 ℃。其中2台离心式冷水机组接入能耗监测平台,并根据冷负荷需求制定运行方案,使机组保持在最优工作曲线区间内运行。与空调机组配套的3台冷却泵及3台冷冻泵,都存在选型过大的问题。通过替换1台冷却泵,并为所有水泵加装变频控制装置,最终实现水泵能够在保障系统正常运行的同时,可以节能高效运作。

酒店空调为水冷式机组,主机及相关设备由专业人员进行管理,管理人员根据气候情况及楼内舒适性要求选择主机和相关设备的开启。根据合肥的气候特点,每年供冷季节为5月至10月,供热季节为12月至次年2月。

在满足大饭店环境空调的安全稳定运行和可靠控制的前提下,采用中央空调综合控制系统后,最大限度地节能系统能耗;系统输出冷量自动根据酒店负荷变化,达到节能的目的,最大限度地节省系统能耗,并实现工程设备管理的现代化。

中央空调综合控制系统是对楼宇内各类设备的运行、安全状况、能源使用状况及节能等实现自动监测、控制与管理;对酒店内各类设备的监视、控制、测量,做到运行安全,保障可靠,能源节约,人力优化并确保建筑内环境舒适;该系统能实时采集并记录设备运行状况的各项关键参数,在进行集中分析处理后,作为设备管理策略的可靠科学依据,实现设备维护、管理的自动化。

酒店负一层洗衣房由于采用大型洗衣机和蒸汽烘干机等设备,在工作时会产生大量的废热,导致洗衣房工作环境恶劣。通过新建空气源余热回收系统,将回收的热量将用于低区和中区的生活热水预热处理,实现能源梯级利用的同时,更极大改善了洗衣房的工作环境。

3. 蒸汽系统

本项目蒸汽换热产生大量凝结水,采用集中回收,增设凝结水箱与回收泵,引至锅炉房软水箱作为锅炉补水。通过水的循环使用,达到节省天然气的目的。由于现有锅炉选型较大,耗能偏高,故用蒸汽发生器替代厨房原蒸汽系统和洗衣房蒸汽系统,原燃气锅炉作为保障热源。

与空调机组配套的3台冷却泵及3台冷冻泵,都存在选型过大的问题。通过替换1台冷却泵,并为所有水泵加装变频控制装置,最终实现水泵能够在保障系统正常运行的同时,可以节能高效运作,具体见图7.44。

酒店负一层洗衣房由于采用大型洗衣机和蒸汽烘干机等设备,在工作时会产生大量的废热,导致洗衣房工作环境恶劣。通过新建空气源热泵余热回收系统,将回收的热量将用于低区和中区的生活热水预热处理,实现能源梯级利用的同时,更极大改善了洗衣房的工作环境,具体见图7.45。

图 7.44 空调水泵更换

图 7.45 空气源热泵系统

7.12.5 改造效果

1. 环境效益

该项目通过合同能源管理综合节能改造后,节电量 1.24×10^6 kW·h,节约 361.97 t 标准煤,减排二氧化碳 894.07 t,节电率为 21.32%。

2. 经济效益

大饭店进行综合节能改造后,年节能效益约 85.4 万元。改造后建筑内各功能房间环境温度均达到设计要求,在夏季炎热天气和冬季寒冷天气这类极端天气条件下,系统均能保证运行正常。相同功能房间的空气温度基本一致,对建筑的使用舒适度有较大提升。

参 考 文 献

[1] 江亿.建筑环境系统模拟分析方法:DeST[M].北京:中国建筑工业出版社,2022.
[2] 姚润明.长江流域建筑供暖空调方案及相应系统[M].北京:中国建筑工业出版社,2006.
[3] 潘毅群.实用建筑能耗模拟手册[M].北京:中国建筑工业出版社,2013.
[4] 天津生态城绿色建筑研究院,清华大学建筑节能研究中心.建筑能耗模拟及eQuest,DeST操作教程[M].北京:中国建筑工业出版社,2014.
[5] 中国气象局气象信息中心气象资料室.中国建筑热环境分析专用气象数据集[M].北京:中国建筑工业出版社,2005.
[6] 陈友明,王盛卫.建筑围护结构非稳定传热分析新方法[M].北京:科学出版社,2004.
[7] 柳孝图.建筑物理[M].北京:中国建筑工业出版社,2010.
[8] 陈宏,张杰,管毓刚.建筑节能[M].北京:知识产权出版社,2019.
[9] 范征宇.地域气候适应性绿色公共建筑设计技术体系[M].北京:中国建筑工业出版社,2021.
[10] 常钟隽,周海珠.地域气候适应型绿色公共建筑设计工具与应用[M].北京:中国建筑工业出版社,2021.
[11] 民用建筑热工设计规范:GB 50176—2016[S].北京:中国建筑工业出版社,2016.
[12] 民用建筑供暖通风与空气调节设计规范:GB 50736—2012[S].北京:中国建筑工业出版社,2012.
[13] 建筑采光设计标准:GB 50033—2013[S].北京:中国建筑工业出版社,2013.
[14] 韩嘉伟.西安地区高校教学楼自然采光设计策略研究[D].西安:长安大学,2020.
[15] 黎蓉.夏热冬冷地区居住建筑室内物理环境性能与能耗相关性研究[D].重庆:重庆大学,2017.
[16] American Society of Heating, Refrigerating, Air-Conditioning. ASHRAE Handbook of Fundamentals[M]. Atlanta: ASHRAE, 1989.
[17] Pedersen C O, Fisher D E, Liesen R J, Development of a heat balance procedure for calculating cooling loads[R]. ASHRAE Trans., 1997, 103 (2): 459-468.